《上車又住又賺系列 2》

終極版

買樓上車 防中伏

空間大改造 + 化妝術

課外參觀磚廠

買建材好地方

慳錢裝修 增值速成班

四年超過25班!
Ann姐 + Anthony Sir 實話實說很受歡迎課程

香港寸金尺土,正因如此通常好多單位的面積都很細,比如在香港蝸居真的是隨處可見,所以如果想好似大單位那樣劃分出更多不同用途的空間,正常情況下應該是沒有可能,**不過 Ann姐 聯合 Anthony Sir 專業物業投資者卻的確做到**。為大家分享多年心得。

【活動 A 空間大改造】十年經驗個案

【活動 B 報價防伏 + 化妝樓全攻略】

【活動 C 裝修買料及驗樓】

【活動 D 家居修補】

課程 / 驗樓服務查詢
WhatsApp

 6181 5815

$ 勁慳!計算 Budget 點睇報價單唔俾人呃?點揀裝修師傅、公司最穩陣?

$ 勁賺!如何用盡空間,300 呎細單位租值、樓價大提升?淨係防中招,最多一分錢一分貨,邊有慳錢?邊有賺錢?識炒家秘招,一分錢兩、三分貨,真正賺錢!

$ 堅料!原創7本暢銷裝修及樓書「炒家」作者+ 裝修界老師傅+ 多位業主 研發課程內容!揭開坊間糖衣裝修陷阱。

超過30場爆滿

【買樓上車 資產倍增】3 小時課程

Anthony Sir 與 Ann姐 主理!

你是否一直以人工去追首期?追樓價?追資產?追極都追唔到?

買樓最大的伏是甚麼?是不能有系統地、理性地掌握「資產」、「物業」與「創富」的關係,讓「財富機會」從自己手裡白白溜走,這當然與財務自由無緣,不能怪別人。

這套思維方法並不難學, 我們十年兵團戰績,只需花 3 小時學習,助你打開財富之門!

📍 樓市瘋狂,點揀新樓、二手樓?

📍 買錯凶宅?誤中按揭伏?教你如何防伏買樓心得!

📍 點樣買第一間樓?手持 30 多萬至 100 萬有何上車策略?

📍 太多真實個案分享,如何買入筍盤?我們是皇者!

分享原創樓市文章超過 1000 篇,想買樓的你,歡迎參加,一起交流!

優惠及報名查詢,WhatsApp

<裝修大作戰速成班> / < Ann姐驗樓服務 > 📞 查詢 5547 6300

📱 **6181 5815**

憑此書可享5折優惠參加以上活動,不容錯過! 原價 **$300**

Anthony Sir 與 Ann姐主理的【買樓上車 資產倍增】3小時課程

條款及細則:
- 本課程主辦機構,有權隨時修改本條款及細則、更改或終止本推廣。如有任何爭議,本行保留最終決定權。
- 每本書只限一人及一次享此優惠。
- 在任何情況下均不得轉讓、撤銷、退回或兌換現金。
- 此優惠不可與其它優惠同時使用。
- 請於有效日期前使用、逾期作廢。

  此優惠有效期至2018年12月31日

Ann 姐 x Anthony Sir
買樓創富師徒班

▶ 十多年投資本地及海外住宅、工廈、共居樓房經驗，教你貼地買樓流程、買家實戰賺錢入門，不再受人擺佈買入蟹貨、死貨和貴貨。

▶ 揭示加速樓換樓及資產倍增愈滾愈大財技，登上開往「土地富翁」的高速列車精妙做法。

▶ 傳授第一層至一開數物業投資心法：解構影響樓市關鍵，分析「林鄭」時代的香港樓市趨勢。

六個單元，10-13 節課
課程編號：Y387R76
WhatsApp 查詢：55476300

作者序

這十年投資土地及物業世界，我們見證樓市升、癲、喪、盲、跌、呆、痴、發高燒。

年青人買第一層樓，要又住又賺！

想做到又住又賺，第一步是……不能出錯！

很高興《買樓上車防中伏 — 終極版》出版！

兩年前我們出版《買樓上車防中伏》反應非常理想，不知不覺已經賣了三版，踏入新的一年，樓市有明顯的變化，很多新的「伏位」很想跟大家分享，今次的終極版，加入很多以往不曾提及的題材，例如近年新樓熾熱，買新樓有甚麼中伏位？樓市處於歷史高峰，未來又會怎麼走？專家前輩有甚麼忠告？不至於買貴買錯？

經常聽見有人說……自住樓，升跌冇所謂！

如果你打算一世原地踏步，確實冇所謂；如果你希望透過物業向上流，就要做到又住又賺。第一層樓買錯了，會損失很多時間、金錢，如何分析資訊；如何揀區；如何揀樓；如何與代理、銀行、律師過招，都是學問，借本書分享，期望大家可以做到又住又賺。

Ann 姐 & 1% Anthony

平日買樓上車分享會

有樓萬事足節目 擔任總顧問

Ann 姐及 Anthony Sir 睇樓團

海外樓考察

目錄

殺價及投降減價中伏篇　　　137

按揭中伏篇　　　154

睇樓中伏篇　　　178

海外上車篇　　　226

Thank You 在此感謝汪敦敬博士為我們撰寫的十大忠告文章，好讓一眾年輕人對 2018 年的樓市有更廣闊的視野。

2018 年我對樓市的十大忠告 - 汪敦敬博士

（1）趕快學習中國市場邏輯吧！

中國實質上已在環球各範疇包括經濟、政治等等已取得了主動權，西方各國也在適應、迎逢及配合中國的邏輯中，在香港，包括投資上，在 09 年之後也太多人過時地迷信著西方舊有價值觀而不斷錯過入市良機，應儘快改變！

（2）財富效應以龍市模式主導市場

既然中國主流於國際經濟，中國不斷去除市場泡沫的宏觀調控措施效應將成市場新常態，西方過去服務市場泡沫漲／爆的牛熊定律正在中國資金主導的市場淡化，筆者在去年提倡的「龍市理論」正是認為新市場常態是以「龍市一期」（容許市場力量活躍釋放）及「龍市二期」（政府出手令市場過份活躍的購買力收斂）兩階段交替前進，浪比浪高，但因為市場已由財富效應（因資產上升而衍生的購買力）取代傳統入息負擔能力為主導，龍型市場將以更大幅度的大漲「中」回的勢態向前發展，入市必須做好價格上升過程中必然出現較大幅度調整的準備。

（3）美國大勢已去！小心泡沫爆破！

美國仍以舊有泡沫經濟債務不斷膨漲中，「多泡沫，爆破有期！」投資者應做好：a）泡沫隨時爆破將短期衝擊整體市場。b）美國經濟不穩及泡沫爆破令更海量的資金流入香港！

（4）加息、縮表難影響大局！

美國主導世界的能耐已今非昔比，縱使經濟周期能進入復甦階段，也將大不如前，因此我們面對美國的加息或縮表政策，只需預防及準備已可，高估其影響力將錯失大量機會成本，不智的。

（5）資金流主宰大局！

筆者一直也認為，最影響樓價的因素其實是貨幣（包括匯價、流向及流量），09年之後，香港樓價隨著貨幣量倍增而倍升！我認為，未來市場的變化不應該再理會那些過時的理論、斷章取義的數據、情緒化的判斷等等已不可靠，我提倡「M3定律」，即是主力參考較可靠的M3（泛指香港總存款量）的增減去分辨市場的真貌！

（6）租金仍向上守住樓價底線！

自 2009 年樓價雖然不斷上升，但租金卻亦步亦趨，也不斷上升去支持樓價，原因是香港的一、二手樓的供應根本遠遠未能滿足到剛性需求，當政府推出措施去抑壓購買力，或者市場負面向淡情緒影響樓市時（樓市哈囉喂），本來買樓的剛需購買力不少卻轉去了租務市場，也自然增加了租的需求，租金因此上升！如果供應量問題不再更大幅增加，租買互逐向上的局面不會改變！

（7）辣招老化，改革可扭轉大局！

面對環球量化貨幣引起的資金泛濫，洪水只宜疏導不應堵塞，香港政府推出的多項樓市辣招雖然是無可厚非，但只能是短期政策，若長遠使用則在社會財富分配上欠缺妥善，因為有關政策長期會聚積購買力外，將市場成交減少亦會更容易被掌握財富效應的有資產者主導市場大局，樓價有條件愈快愈急地上升！如何優化或是否優化樓市辣招將影響投資策略！

（8）樓市升災下的政治失救

香港人進入了迷失時代，如果用火災來比喻樓市升災，無論是基於任何神聖理念也好，反對政府造地、政治爭拗、議會拉布等必然容易阻礙及時製造土地供應，也在欠缺共識下未能推出有效的措施去解決問題，有如在大廈火災中堵塞走火通道令傷害倍增，政治爭拗可悲地成為了投資的利好因素！

（9）粵港澳同城化！

在環球以中國為核心和「一帶一路」的新大局下，尤其是作為世界新經濟引擎的粵港澳大灣區，人才、錢財將日益對流並一體化，香港將成內地的一部份，內地人將是新香港人，而也愈來愈多香港人回歸內地，香港人必須要走快兩步，要明白「要連接世界，必先融合中國」的客觀現實！

（10）「一帶一路」效應開始

被動的香港人未來將被世界改變及「一帶一路」引起的變遷所衝擊，包括，本來泛濫的資金將海量增加，人力資源起新的變化（例如日益富起來的東南亞家傭將日益短缺！）香港人素質被其他城市比了下來⋯⋯種種變遷將改變我們在市場的角色和位置，世界在變，筆者希望香港人珍惜羽翼，今宵多珍重！

買樓上車
10 大誤解

Ann 姐與 Anthony Sir 過去幾年曾與數以千計的學生分享經驗，發現年青人很多時候並非輸在起跑線，而是輸在思維與心態，這篇我們總結了一些主要的誤解，都是真實、親身的經歷，非常值得年青人深思。

1. 買樓是科學，也是藝術！

有人買樓講感覺，環境好嗎？裝修靚嗎？忽略實際價值，買貴咗都唔知。有人很理性，最緊要平，買了劣質單位難轉手，其實買樓，科學與藝術兩者要兼顧。

2. Location、Location、Location ？

Lump Sum、Lump Sum、Lump Sum ！

師傅教落，買樓要睇三個 Location，然而從近年樓市發展看，這個金科玉律已經 Out 晒！很多新發展區細價樓，樓價明顯跑贏。

3. 樓價那麼高，不如先賣出自住樓，我可以在跌市買番！

低買高賣？很多人都有這種投機心態！如果睇錯市，樓價繼續升，不但買唔番，更要捱貴租。就算樓價跌，都可能左驚右驚唔敢買。

4. 撻訂？！買家冇信心？樓市會冧嗎？

其實撻訂的原因有很多，不排除少部份買家後悔，但多數是買家以為自己借到按揭，供得起，誰知計錯數，被迫撻訂。

5. 樓市有週期，每隔十多年就會有一次大跌！

跌5成？7成？自從2008年金融海嘯後，各國都懂印銀紙救市，期望像2003年崩潰？退休都未必等到，到時樓價可能已倍升，銀行也不借錢給你了！

6. 炒家炒高樓價

自從辣招推出以來，已經沒有炒家。今天樓價高，是辣招令業主，尤其用家驚賣咗買唔番，不願賣樓，供應急跌，買家被迫高追。

7. 供 30 年樓是樓奴

　　一生租樓，難道不是樓奴？更奴！一來，租金會跟通賬不斷上升，供樓卻越來越輕鬆！二來，誰會住 30 年，幾年後有錢賺就換樓了！

8. 遲早會加息

　　6、7 年開始專家高官已經說有加息風險，錯失了多少機會？加息不是最重要，最重要是加多少，全球量寬，可加幾多？影響有多大？

9. 住遠啲，就可以住平啲！

Out 晒！今時今日，很多新界區的熱炒屋苑，例如沙田區，呎價甚至貴過很多市區樓。況且就算再遠再平，交通費呢？回報率呢？

10. 銀行按揭只可以借 6 成，首期最少要百幾二百萬！

這只是基本按揭而已，其實可以申請按揭保險，只要符合要求，可再多借兩至三成，即是 8 至 9 成，一、兩成首期就可以上車。

新樓中伏篇

很多年青朋友都喜歡買新樓。

二手樓業主要價進取，加上政府不斷加辣，

發展商推出多種優惠迎戰，例如高成數按揭等，

令購買力嚴重傾斜至一手市場，

發展商促銷招數五花八門，買家更要審慎。

點解市民咁熱衷買新樓？

朋友Ａ：「新樓抵呀，唔使俾佣！」

朋友Ｂ：「唔使嗰錢裝修，搬入去就住得！」

朋友Ｃ：「老婆鍾意囉！」

朋友Ｄ：「肯定唔係凶宅嘛！」

朋友Ｅ：「型囉！個個都知你買邊，舊樓乜乜大廈，冇人識！」

朋友Ｆ：「有高成數按揭嘛，借到８成㗎！」

朋友Ｇ：「舊樓日久失修，隨時要大維修，新樓唔使煩！」

朋友Ｈ：「咁多人排，肯定係好嘢啦！」

再數落去，數到Ｚ都未數完！

新 VS 舊……新樓當然有無數個好處，數到天光都數唔晒！

身邊很多朋友都喜歡新樓，尤其是年青朋友，總結不同意見及實戰情況，筆者認為以下幾點影響最大。

二手樓都唔平，不如買新樓！

近年政府不斷推出辣招，嘗試令樓市降溫，誰知次次都適得其反，尤其去年年底的 15% 印花稅（如果你持有物業，再買住宅就要繳付相當於樓價 15% 的印花稅）更是空前失敗！持有多於一個住宅單位的業主，擔心賣咗買唔番，個個唔肯賣樓，市場上二手盤源嚴重短缺，業主叫價天咁高，二手買唔到，唯有買新樓！

高成數按揭，絕殺二手市場！

辣招除了重稅，還有收緊借貸。以前筆者買樓，借完又借，買完又買，今天難以再實行，一來有正面信貸資料庫，二來有壓力測試，三來又降低按揭成數，按揭比以前難。現時新盤發展商多數會提供高成數按揭，例如 1000 萬都可以借到 8 成，甚至有樓盤推出所謂呼吸 Plan，毋須壓力測試，識呼吸就借！很多朋友沒有穩定收入，例如自己做小生意的，銀行難借錢，新樓貴啲都要買！再加上發展商及代理的宣傳攻勢，二手全無還手之力。

睇落樣樣都好好，更要小心中伏！

記住……你的對手不再是小業主，而是發展商！

記住……當你買入單位之後，將來賣出街就是二手！

今日貴啲都買？他日賣樓，好多新樓優點都會消失，例如你賣樓時不會有高成數按揭提供予下手買家，點解要貴啲都同你買？

還有很多中伏位，逐一同你拆解！

風險：樓花數期風險有幾高？

朋友：「而家啲新樓，樓花期好多都好長。」

筆者：「係呀，好多都要兩年。」

朋友：「有啲要三年添，尤其是係舊區重建項目。」

筆者：「試過有啲連幢舊樓都未拆，就開始賣樓。」

朋友：「其實咁長樓花期，好定唔好呢？」

筆者：「睇個市升定跌啦，亦都要睇買家情況。」

新樓跟二手樓不同，有所謂樓花期。

即是你買樓的時候，幢樓未起好，要等一段時間才收樓入伙。

因此在付款方面，亦較有彈性，一般來說有即供、建築期兩種。

即供付款，一般要求買家於 90 至 180 日付清尾數，未收樓就要開始供。建築期付款，到收樓前，即隨時 2、3 年後才需付清尾數，往後有一個章節詳談箇中利弊，現在先講樓花期……

如果你是換樓客，考慮要比較全面……

遇上樓市上升，恭喜你！你可以享受雙重升幅！

新買的物業，未收樓樓價已經升咗一截。原本的物業，有充足時間放盤，只要在新樓收樓後半年內成功出售，就可以豁免 15% 印花稅，只需要繳付首置專享的第二標準稅率（通常是買新樓的時候，律師樓會先收 15% 印花稅，成功在指定時間內賣出原有單位後退回差價，詳情及操作請瀏覽稅局的網站），假如樓花期 3 年，加上半年緩衝期，你可以有 3 年半時間慢慢放盤，賣個好價錢。兩層樓一起賺錢，享受雙倍升幅，瞓著覺都笑醒。

如果還上樓價下跌，中伏！你要承受雙重損失！

首先新買的物業跌價，如果揀即供付款的影響不大，照供樓而已，如果揀建築期付款，到時銀行可能估價不足，要抬錢上會！至於原有物業就更煩了，跌市期間賣不到好價錢，但由於新樓收樓日期逐漸迫近，豁免 15% 印花稅的期限又步向死線，到時就可能要劈價賣樓。兩層樓一起輸錢，承受雙倍跌幅。

如果你是上車客，比較簡單……

如果你有即時自住需要……例如每個月已經要交租 1.5 萬，買現樓可以即時搬過去，如果買新樓，又揀即供，未入伙就要開始供，假設又供多 1.5 萬，每月支出就是 3 萬，高了一倍！

如果你買來收租，買現樓可以即時有租金收入，抵銷供款，買新樓，又揀即供，樓花期內只有供樓，不能租出，收少兩年租金，以 1.5 萬一個月計算，兩年合共 36 萬元。當然你可以揀建築期付款，不過樓價會貴啲，同時要承受下跌風險。

風險：發展商一按、二按中伏位

新樓其中一招殺着，無疑是⋯⋯高成數按揭！

買二手樓向銀行申請按揭，要跟隨金管局的指引，例如 600 萬以下才可以借 8 成，貸款人的入息要足夠通過壓力測試等。然而新樓盤很多時候都會推出發展商一按、二按計劃，例如 600 萬以上的物業都可以借到 8 成甚至更高，入息要求亦較寬鬆，甚至包借！

其實有關貸款，不是由發展商借的，是由財務公司借的！

相對於銀行，財務公司的審批標準比較有彈性，毋須跟隨金管局的指引，於是發展商就夥拍財務公司，推出高成數按揭。

發展商一按

所謂一按，意思是整筆貸款由發展商指定的財務公司借給買家。

一按又有「包借」與「不包借」之分，所謂「包借」行內又名「呼吸 Plan」，意思是唔使睇入息，會呼吸就借給你！「不包借」跟銀行做法類似，要睇入息、資產，不過比較寬鬆。

發展商二按

所謂二按，意思是買家按金管局指引，先向銀行借一按，例如樓價 800 萬，金管局指引最多借 6 成，即向銀行借 480 萬，然後發展商的財務公司，再借多 2 成，即 160 萬，合共就是 8 成，即 640 萬。

假設樓價 800 萬	發展商二按	發展商一按
銀行借（利息較平） 以 2.15%、30 年計算	60%= 480 萬 月供：18,014 元	----
發展商借（利息較高） 以 5%、25 年計算	20%= 160 萬 月供：9,535 元	80%= 640 萬 月供：37,414 元
合共	80%= 640 萬 月供：27,549 元	80%= 640 萬 月供：37,414 元

　　一按由傳統銀行提供，二按則由發展商指定的財務公司提供。通常一按部份，利率跟一般銀行按揭差不多。至於二按，利率會較高。以上述例子為例，一按佔 6 成，二按佔 2 成，拉勻又唔係咁貴息。

小心中伏！之後就要供貴息！

一般發展商的高成數按揭，首 3、4 年利息都會比較低。

　　3、4 年過後，利率就會大幅提升！有些新盤甚至高達 8 厘！

　　為甚麼是 3、4 年呢？因為剛剛過 SSD 禁售期。

擔心將來供貴息？代理會跟你說，SSD 已過，可出售賺錢！

　　樓價升當然沒問題，如果樓價跌呢？豈非要蝕讓？

這時候代理又會跟你說，轉按傳統銀行都可以？

　　轉到先得㗎！以上述例子為例，800 萬單位，借發展商借 8 成，轉按去傳統銀行，最多借 6 成，即是說，要抬 160 萬去銀行才可以轉按！係咪真係有能力轉？還是乖乖哋還貴息？

聽講伏：新樓抽籤有古惑？

朋友：「最近去睇新樓，識咗個經紀好勁㗎！」

筆者：「點勁法呢？」

朋友：「佢話跟佢入飛，抽中機會高好多㗎！」

筆者：「唔係化？」

朋友：「佢話有條 VIP 隊㗎，可以優先揀樓㗎。」

筆者：「大手買家吀嘛，茶餐廳阿姐都知啦！」

朋友：「好似唔係喎，佢話係佢人脈關係喎！」

筆者：「如果唔係吹水，仲大鑊！監都有得你坐！」

對於一手樓的銷售安排，政府有非常嚴格的監管。

所有說自己有方法、有人脈，可以提高中籤機會者，幾乎可以肯定是吹水。為了爭取客戶幫襯入飛，經紀、中介各出奇謀，不排除有害群之馬誤導消貴者，如果真有其事，明顯抵觸法例，後果嚴重。買樓啫，唔使搵命搏嘅，何必以身試法呢？

據業內人士透露，一手住宅銷售新例實施前，發展商會用「派貨」形式，分予各大代理，再由代理分派給客人，因此代理與發展商關係好，你又與代理關係好，中籤機會較高。然而在新例實施後，絕大部份發展商推售新樓盤時，都會以公正、公開、透明的抽籤形式推出，大家機會均等。大行入飛量多，中籤多亦正常。

如果想提高中籤機會，倒不如自己留意一下銷售安排。

例如有些新盤，大手客可以優先揀樓。

又例如有些新盤，每人可以入兩張飛，入兩飛機會當然較高。

又例如有些新盤，揀樓時可以容許轉用直系親屬名，換句話說你可以搵齊父母、子女、兄弟姐妹齊齊入飛，唔夠？聯名再入！阿爸搭自己，阿媽搭老婆，自己搭阿仔，老婆搭阿女……如果你是香港賽馬會的支持者，玩過馬仔，玩過足智彩，一定知道甚麼是二串三、三串七，哈哈！總之串到自己都頭暈，最重要是可以轉名，無論誰抽到，揀樓的時候可以轉名，改由你去買，機會又更高。

最重要是……

別再相信甚麼有人脈、有關係，跟他入飛機會更高了！

聽講伏：新手買新樓前三痛伏

朋友：「你覺得呢個新盤抵唔抵呀？」

筆者：「開咗價啦咩？收到代理通知嗰！」

朋友：「未開價呀！」

筆者：「未開價點知抵唔抵？」

朋友：「名牌發展商、港鐵上蓋、大屋苑有商場，仲有得輸？」

筆者：「點解冇得輸？贏輸睇呢啲㗎咩？」

朋友：「唔睇呢啲睇咩？」

筆者：「梗係睇價錢啦！」

名牌伏

新樓⋯⋯有很多不同的發展商，有本地大發展商，如新鴻基、信和、長實、新世界、恒基、恒隆、華懋、南豐、嘉華、會德豐等。近年又多了中資發展商，例如中國海外、萬科、龍光、海航等。另外又有一些外資及二線的發展商參與，各有特色。一般人買樓，就像買衫一樣，都會信名牌，經常聽見朋友說，買樓一定要買新地，如果純粹自住角度、睇質量冇得講，但如果買樓想又住又賺，就不能只信名牌。名牌、質量高，固然好，但如果樓盤的地點唔靚、價錢偏貴，無論幾好的發展商，都會跑輸。除了睇發展商，其實還要看建築商，市場上有幾家建築商，公認質量高，即使是二線發展商，用一線建築商，亦都值得一睇。

遠期樓花伏

身邊不少朋友，明明唔夠錢買，都照抽先，中咗先算，最多選用建期付款，到時先供，冇諗層樓啱唔啱自己。現在很多樓盤樓花期都很長，兩年內入伙已經算近了，有些要到三年或以上，如果你有即時自住需要，又要租樓，又要開始供樓，都咪話唔辛苦，往後有一個章節專講這個課題，到時再分享個案及詳談策略。

熱搶伏

近期的新樓，多數都係用呢招……

事前叫高＞首批低開＞瘋狂收飛＞第二批起瘋狂加價

由於最初推出最平的幾個單位，價錢確實吸引，於是很多人抱著抽獎心態，有理冇理先入飛，做成萬人空巷，很受歡迎的情況。然後抽唔到，發展商大幅加價，受到現場氣氛影響，很多時候都照買，買完之後又囉囉攣瞓唔著，驚自己買貴，考慮好唔好撻訂。

所以買新樓的時候，最重要留意價錢及優惠，如果首批抽唔到，去到第二批、第三批……要留意價錢的變化，如果加價太多就別追了。

記住……沒有該買的樓，只有該買的價。

聽講伏：平過二手！

代理：「呢個新盤抵呀，平過二手，賺硬呀！」

筆者：「點樣平過二手呢？」

代理：「均價 1.5 萬咋，天晉二手都賣到 1.8 萬啦！」

筆者：「同天晉高層單位成交比，梗係啦！」

代理：「但係呢個係全新樓盤喎！」

筆者：「天晉得幾年，質素又高，樓下有大商場，點比？」

中伏一：平過二手？是一般成交？還是個別成交？

有次睇紅磡單幢新盤，呎價 1.9 萬，代理說很抵，平過二手！

筆者在區內有單位收租，一直有留意行情，當時區內三幢樓齡較新的指標半新盤，昇御門、薈點、寶御，呎價約 1.5 萬至 1.8 萬，怎會平過二手？代理拿出薈點一宗成交，呎價 2 萬！筆者不敢質疑這個成交，然而一個創新高成交，就說平過二手，是否值得深思呢？

中伏二：平過二手？是同級比拼？還是不同級比拼？

上述例子，有次睇將軍澳新盤，呎價 1.5 萬，代理說平過二手！

單從數字比較，確實是平過二手，然而新盤的位置接近海旁，遠離港鐵站，步行最少 10 至 15 分鐘。代理用天晉比較！港鐵站上蓋，大型商場，名牌發展商，出名質素高價錢高，比它平不合理嗎？

中伏三：新樓應該比二手貴幾多？

很多人說新樓應該比二手樓貴兩成，筆者並不同意，視乎甚麼質素的二手！

很多時傳媒的所謂二手，都是樓齡極新，例如入伙只有兩、三年的，剛剛有二手成交的樓盤。定義上你可以稱為二手，因為確實有人住過，問題是……從用家角度看，新樓除了入屋時多一塊紅地氈，有何分別？為甚麼要貴兩成？

中伏四：新樓還有很長時間才入伙！

今時今日兩年已經算少了，很多樓盤要三年才入伙！

換句話說，要白供兩、三年！為甚麼還要貴兩成？

因此筆者不喜歡稱之為二手樓，反而會稱之為半新樓！

筆者心目中的二手樓，樓齡約 20 年以上，舊式規劃，沒有會所設施，如沙田第一城等。至於半新樓，則是樓齡較新，有新式屋苑會所設施，如港灣豪庭等。實際如何劃分，沒有官方定義，沒有明確界線，按個人經驗及市場的接受程度而定。

錯數伏：即供好？還是建築期好？

朋友：「有得揀梗係揀建築期啦，唔使俾錢住嘛！」

筆者：「但係建築期貴好多喎，爭成 5%……」

朋友：「爭咁遠？好難抉擇！」

筆者：「其實最主要睇你筆錢有冇用，又或者而家有冇錢。」

上車班同學經常一起去看新樓盤

　　最多人問的問題之一，是如果買新樓，應該揀即供付款還是揀建築期付款好？沒有 Model Answer，首先要看樓盤的 Terms，看那一個最抵，今時今日的新盤付款盤法花樣百出，有代理朋友說複雜到自己都看不明白。其次要看樓市，上升周期還是下跌周期。最後最重要的，當然是看個人能力。

所謂即供付款，可以理解為即時處理成交

優點：平！折扣高！

缺點：即時供樓，白供群英！

　　買家簽約及繳付訂金之後，即時申請按揭，大約 90 日左右，視乎個別樓盤而定，按揭批出，銀行會即時找樓價尾數俾發展商，等同於已經成交，即使只是爛地盤一個，買家都要開始供樓。由於發展商快收錢，優惠最多，通常樓花期越長，折扣率越高。

所謂建期付款，可以理解為入伙才成交。

優點：唔使俾錢住！

缺點：折扣低！＋承受可能下跌，估唔到價風險！

　　買家簽約及繳付訂金之後，通常要在指定時間內多付一些訂金，例如半年內多付 10%，合共 20%，視乎個別樓盤而定，直到入伙前才申請按揭，待發展商發出入伙通知書後才找樓價尾數，到時才開始供樓，由於發展商遲收錢，通常沒有甚麼優惠。

　　同時，買家亦要承受樓市風險，樓市上升當然沒有問題，但如果樓市下跌，假如三年後樓價跌 20%，銀行估價亦會跌 20% 甚至更多，估不到價，借不到錢，到時就需要額外多付首期。

錯數伏：高成數按揭，是陷阱還是機遇？

戰友：「我諗住買紅磡個新盤⋯⋯」

筆者：「咁突然？你唔係玩開舊樓，貪佢回報高㗎咩？」

戰友：「我知⋯⋯新樓回報係低啲，但係冇辦法。」

筆者：「好似有難言之忍咁喎！」

戰友：「你都知我揸住十幾個單位㗎啦⋯⋯」

筆者：「係吖，咁又點呢？」

戰友：「再加上我年紀唔細，點會過到壓力測試。」

筆者：「咁又係⋯⋯」

戰友：「呢個新盤包借 8 成，唔使壓力測試喎！」

筆者：「其實你咁多錢，Full Pay 都得啦！」

戰友：「咪玩啦！有錢都留番責袋啦，點會 Full Pay 呀？」

高成數按揭⋯⋯絕殺！就算貴啲都買！

近年政府不斷收緊按揭，令到很多想買樓的朋友，無論是年青上車族也好，想買多層樓收租的小投資者也好，由於無法通過壓力測試，無法取得銀行貸款，買樓計劃被迫終止。發展商看準這個市場空間，安排財務公司為買家提供高成數按揭，令到更多人可以買樓上車，大部份分析員、學者都對此負評，認為這是糖衣陷阱，是樓市爆煲的先兆，筆者則覺得有危有機。

先講危……息率比銀行高，隨時計錯數斷供！

縱觀各大發展商提供的高成數按揭，首兩、三年息率較低，一般是 P-3.1% 至 P-2.25%，即 2.15% 至 3% 左右，與銀行的按揭計劃相若，令買家覺得輕鬆，更容易促成交易。

三年後，一般都會將息率提升到 P 或更高，即 5% 或以上，到時供款壓力就會增加，萬一計錯數，隨時斷供！

正如前文所述，代理會跟你說……

「三年後，層樓可以賣咗佢賺錢啦！」

「如果唔賣，到時可以轉去其他銀行嘛！」

先講危，正如前文所說……

首先，係咪真係賣得出？賺到錢？

其次，係咪真係轉按到去其他銀行？

再講機……首先受惠的當然是想上車的年青人！

年青人剛剛踏出社會，大部份都未儲夠四成首期，入息又未夠通過壓力測試，高成數按揭可以幫助年青人上車。三年後供款壓力增加，會否必然供不起？必然斷供？變成銀主盤？那就要看個人造化，筆者不反對年青人借助發展商高成數按揭上車！問題是……你要對自己的狀況進行評估，你覺得自己的事業，在上升周期還是下跌周期？你覺得三年後，收入會否比現在高？升職？加薪？賺錢？跳槽？如果有信心，即使到時供多幾千元，又怕甚麼？

其次……投資者的購買力再釋放!

以上述戰友為例,她是 6 年前參加課程的同學,當時手上有兩個物業,一個自住、一個收租,有感年逾 50,將物業加按,再將手上的基金賣掉,套取資金再買樓,買買賣賣幾年,現時持有十多個物業,這些故事在投資兵團中比比皆是。後來政府收緊按揭,無法再借錢,資產就停在這個水平。適逢發展商提供按揭,即使利息稍貴,最少她可以買、可以借!分析員、學者說斷供風險,怎會發生在她身上?首先,她有充足資金、資產及租金收入,其次,她有豐富的投資經驗,睇市仲準過分析員、學者,必要時賣一、兩個早已倍升的舊樓來抵抗逆市,又有何風險呢?

還有……讓非傳統打工仔有機會買樓!

政府的按揭政策,對非傳統打工仔極不公平!

政府的理由是控制風險,維持銀行體系的穩定,借高成數按揭要求特別高,尤其借 9 成按揭,必須要穩定收入!香港靠服務性行業撐起半邊天,很多打工仔收入與業績掛鈎,收入以佣金為主,基本上已經無緣 9 成按揭,甚至 8 成都未必批,公平嗎?

錯數伏：開價好平！值得買嗎？

最低價伏

朋友：「呢個新盤吋價好平呀，1.2 萬有找！」

筆者：「睇吓先……均價 1.5 萬喎！」

朋友：「咁我可以買平嗰啲㗎嘛！」

筆者：「你睇清楚張價單先，得幾個單位 1.2 萬咋！」

朋友：「當抽獎囉！」

宣傳、宣傳，總要有點噱頭！

　　新盤推出，很多時候發展商代表都會拍一張宣傳照，展示樓盤最平吋價，最平售價，例如吋價 9,888 元起，售價 388 萬起，務求吸引傳媒及消費者的眼球，不過細心看價單，這些平價單位的數量不多，甚至可能只有幾個。例如有次筆者去睇一個位於元朗的新樓盤，其中有一座最低的兩層，近距離面對行人天橋，不要說景觀了，就是私隱及保安亦成問題。樓高幾層，過了行人天橋及港鐵站，吋價及售價三級跳，值得買嗎？見仁見智。

美麗灣	英俊匯
開心上車價 吋價 **9,888** 元起	平過 二手　**388** 萬起

光豬價伏

筆者：「開價 1.4 萬，折扣 15%！」

朋友：「咁我一於用盡折扣，一房 330 呎唔使 400 萬喎！」

筆者：「都算抵，不過要睇清楚 Terms，係咪攞得盡 15%……」

朋友：「唔係個個都有㗎咩？」

筆者：「梗係唔係啦！」

睇新盤，有幾個不同價錢。

　　◇ 入場價……發展商宣傳時用的最低價。

　　◇ 開價……未計算折扣的價錢。

　　◇ 光豬價……計算最大的折扣後的價錢。

新盤競爭白熱化，發展商優惠亦層出不窮。

　　最常見的折扣優惠，包括稅務回贈、即供優惠等等，一般買家都可以享受到，然而有些優惠不是每個買家都有，例如想借發展商的高成數按揭，優惠可能會低幾個％，如果想建期付款，通常折扣又會少幾個％，係咪真係咁平，自己要計清楚！

揀樓伏：非常高樓底，超過 11 呎的危與機？

某天，某新盤展銷現場……

筆者：「樓底係得咁高？」

代理：「唔係，因為展銷廳樓底唔夠，所以比真實矮啲！」

筆者：「咁即係有幾高？」

代理：「都有 2.7 米㗎！」

筆者：「咁好矮喎！」

代理：「都有 9 呎啦！」

筆者：「扣埋地台得 8 呎幾咋喎。！」

代理：「好多樓都係咁上下……」

示範單位很多時候都有這個情況……

　　由於展銷廳現場的樓底唔夠高，做唔到 1:1 的單位樓底，唔可以即場感受到真實的樓底有多高。根據地產資訊網提供的資料，樓書內多指樓面至樓面（Floor to Floor）之高度，非單位內地板至天花（Floor to Ceiling）之高度，而是包括了樓層之間的營造層厚度。換句話說，包括地台樓板的厚度，所以發展商報出來的底高度要打個折。例如港島區某新盤樓書寫，層與層之間的高度是 2.95 米，每層樓板（不包括灰泥）厚度為 130mm，要自己扣。當然有些示範單位做到 1:1，現場睇就最實在了。

買新樓一定要留意一下樓底！

如果同樣價錢，一個樓底高，一個樓底矮，將來邊個值錢？

如果單位的面積大，空間夠，樓底高底影響不大，然而很多單位都是一房、開放式，室內空間不足，高樓底就可以有更大發揮。例如可以做高身櫃、儲物地台，甚至現時很多閣仔設計，將睡眠區升高，下面做衣櫃、書枱等，空間簡直倍增！

怎樣才算是高樓底呢？

以地面到天花，實際空間計算，舊式屋苑通常是 8 至 9 呎，新樓很多時都有 10 呎，有些甚至有 11 呎或以上，空間感截然不同。高樓底可以有更大的發揮空間，但亦有一些不方便之處，例如儲物櫃太高，難以存取物件，家裡或要備有一把梯，又例如空調要開較長時間才夠涼等。不過相對有更多空間可用，還是值得的。

揀樓伏：單幢新盤，值得買嗎？

某天，某新盤展銷現場，陪朋友睇完示範單位……

代理：「睇完示範單位，覺得呢個盤點呢？」

筆者：「睇埋模型先……係呢，有咩會所設施呢？」

代理：「始終係單幢樓，設施唔多，不過都夠用嘅！」

朋友：「咁即係有咩呢？」

代理：「睇呢度……有個健身室，有個平台花園。」

朋友：「冇喇？」

代理：「單幢樓嚟講都算唔錯啦！」

筆者：「萬幾蚊呎樓，泳池都冇個，不如買對面個二手屋苑！」

代理：「咁呢幢樓新吖嘛……」

筆者：「管理費幾錢？」

代理：「大概 4 蚊呎……」

筆者：「嘩！ 4 蚊呎……貴過對面個二手屋苑成倍喎！」

以上對話已經出現過很多次！到底為甚麼要買新樓呢？

每個人都有不同要求，有些朋友從來不會使用屋苑會所，買樓純粹睇樓齡，只要樓齡新就可以。筆者的要求比較高，新樓每呎萬多元，市區動輒 1.5、1.6 萬以上，管理費每呎 4、5 元，付得起新樓的價錢、新樓的管理費，想要新樓的享受，也不為過吧！

近年政府努力推地，很多面積細小的地盤，都插針式起樓，很多單幢式新盤，伙數少，會所設施也少。舉例：物業 A……筆者睇過其中一個單幢新盤，當時的呎價約 1.5 萬，然而會所設施就只有小小的健身室，幾部跑步機，一個小小的平台花園，就沒有了！

物業 B……約 5 分鐘步程，有個樓齡十多年的屋苑，會所設施齊備，有大型健身室、泳池、羽毛球場、壁球場、桌球室、保齡球場、圖書室、音樂室、宴會廳、卡拉 OK，呎價約 1.3 萬。

你會怎麼揀？很多朋友會揀前者，因為樓齡新。

然而細心想想，當你持貨幾年，想賣出去的時候，它已經是二手樓了，有甚麼賣點？跟旁邊 2、30 年的二手樓有何分別？相比那會所設施齊備的屋苑，有何優勢？憑甚麼賣得更貴？

單幢新樓可以買，筆者建議要多留意會所設施。

有些單幢樓，有個小泳池、健身室、宴會廳及一、兩項娛樂設施，那就不錯了，筆者去年買入一個單幢樓，樓齡只有幾年，會所媲美不少屋苑，而且位置靚，將來也不容易被取代。

揀樓伏：唔去現場睇，隨時中伏！

　　真人真事，某天晚上，9時……

同學：「今晚有冇課堂呀？有嘢想請教你，過嚟搵你吖！」

筆者：「今晚冇堂呀，後晚有，後晚過嚟得嗎？」

同學：「今晚啦，你喺邊我就你吖！我聽日要俾訂啦！」

筆者：「咁急？」

同學：「係呀！我抽中咗新盤，聽日要決定去唔去馬。」

筆者：「咁你過嚟我屋企會所啦！」

　　同學即時過來……

同學：「你覺得買唔買得過？」

筆者：「價錢唔算貴，仲有包借，中層呢啲價都 OK。」

同學：「咁不如集中揀呢幾層。」

筆者：「好，不過我記得前面好似有棟樓，有啲坐向要面壁！」

同學：「咁大鑊？」

筆者：「聽朝揀樓？不如而家搭的士落現場睇吓！」

　　夜晚 11 點去到現場，果然險些中伏！

　　同學買的單位剛入伙不久，旺角 Skypark，幸好當晚唔怕辛苦落現場睇過，果然其中一個方向，有幾幢二、三十層高的二手樓，視野受阻，相反過幾個單位，由於前面是舊樓，視野開揚好多。同學揀對了單位，收樓時份外高興。

很多時候，示範單位都會在核心商業區，遠離現場。

尤其是一些新界區、新開發區的樓盤，很少在現場擺展銷，一來方便買家，二來避免買家覺得遠，覺得現場沙塵滾滾，印象差。

新樓與二手樓不同，買二手樓，走進單位，所有優點缺點都在眼前，睇漏眼自己抵死。新樓唔同，睇樓書、模型，總會有遺漏，尤其是去到揀單位階段，更加要到現場睇睇實景。除了上述例子景觀受阻，又試過與同學去睇一個元朗的新盤，部份單位對正行人天橋，全無私隱。又試過對正地鐵出風口、高速天橋，又試過樓下有好多露宿者，又試過距離港鐵站眼睇好近，但路途崎嶇。

買樓是重大投資，揀樓前一定要去現場睇清楚！

中伏個案：180呎、380萬……
阿媽支持，值得買嗎？

朋友：「呢個新盤380萬就買到啦！」

筆者：「睇過……得180呎咋喎！咪過2萬一呎？！」

朋友：「400萬以下新樓好難搵㗎！」

筆者：「你要借9成咩？」

朋友：「唔係呀，阿媽俾嘅，不過淨係夠錢買400萬樓下。」

筆者：「你諗住自住定收租？」

朋友：「梗係收租啦，咁細點住呀？」

筆者：「你知就好啦！」

朋友：「一房租到1.5萬，你估我租唔租到1.3萬呢？」

筆者：「競爭好大喎，未必得！」

朋友：「開放式單位唔係好多咋，得幾十個之嘛！」

筆者：「弊在附近有好多劏房呢！」

政府收緊按揭，銀碼細大晒！

　　不少發展商為了滿足9成按揭門檻，將單位面積切細，令到單位的買賣價在400萬以下，大量開放式單位出現，最細的不到200呎，很多朋友問這些開放式單位是否值得投資，筆者有所保留，一來供應越來越多，二來要面對劏房競爭。

很多舊樓都被改建成劏房出租，二、三線區的劏房，月租大約 5、6 千元，百多呎空間，放了床、一個小衣櫃及一張小書檯，基本上已沒有甚麼空間，對像應該是單身上班族吧，是否願意花一倍多的價錢，租住新樓的開放式單位呢？

以投資角度來看，筆者建議最少買一房。

縱觀各區舊樓的劏房，絕大部份都只有幾十呎至百多呎，都是開放式設計，例如一個 400 呎單位就劏 3 至 4 間，數量很多。如果你買的新樓盤，附近有很多舊樓，舊樓裡面又有很多劏房，面對的競爭會比較大，未必租得起價。

至於一房一廳以上，則很少見到有劏房，你的對手主要是是 200 呎以上的獨立單位，數量不多，租金要 8、9 千元，對像可以是單身上班族，也可以是小情侶、未有孩子的小家庭，有兩個人工作，收入比較多，有兩個人生活，對質素亦有較高要求，願意多付一點租金，住得較舒適。不過新樓的一房單位大部份都超過 300 呎，要 400 萬以下買到就有點困難。

開放式單位常見間則

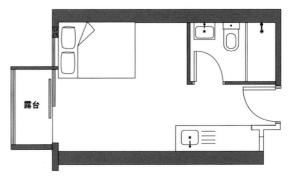

一房單位常見間則

中伏個案：佣金回贈……
小心第三者承諾！

代理：「恭喜你，成功買到單位！」

買家：「多謝，關於佣金回贈，唔知幾時安排到呢？」

代理：「回贈？我同事冇同我講喎！」

買家：「到我都冇得買啦！」

代理：「有冇簽到文件？」

買家：「冇呀，我信佢嘛，佢而家响邊？搵佢出嚟問吓！」

代理：「佢冇做啦喎……」

所謂佣金回贈，是現時代理銷售新樓時，其中一個常見手法。

意思是在代理取得的佣金之中，拿出部份來回贈予買家。例如發商給予代理佣金是 3%，800 萬的物業，佣金總數 24 萬，以上述例子為例，代理答應回贈 1%，即是將當中的 8 萬回贈予買家，這種手法不難理解，二手樓都經常出現，等同減佣。

然而市場上的代理眾多，良莠不齊，出現過有些代理，答應買家有佣金回贈，但雙方沒有簽訂協議，到最後代理反口不回。買家雖然心有不急，但考慮到自己千辛萬苦，才抽到這個熱賣新盤，最後還是捨不得放棄，唯有忍氣吞聲，繼續交易。

一手住宅物業銷售監管局提示：

由賣方提供的折扣、贈品，或任何財務優惠或利益，賣方必須在價單列出。準買家應細閱價單。

由賣方以外的任何第三者承諾向你提供的優惠（包括任何送贈或現金回贈），宜格外留神。為免爭拗，宜要求該第三者以書面向你作出有關承諾。因為在沒有書面證據的情況下，難以證明該第三者曾作出有關承諾或違背有關承諾。

地產代理自願私下向其客戶提供優惠（包括任何送贈或現金回贈），並不屬條例監管範圍。

一般佣金回贈，代理都會給你簽一份表格。

如果沒有簽，又不是你的相熟代理，容易出現爭拗。

就算有簽，亦試過有代理以更高深手法，拒絕回贈。

這裡不多談了，分享會再詳談。

中伏個案：購買力真定假？

代理：「陳生，恭喜你！你抽到啦！」

買家：「幾多號籌？」

代理：「200 號！」

買家：「到我都未入有得買啦！」

代理：「好有機會喎，不如你嚟咗現場先啦！」

　　　　陳生與代理在現場苦等幾小時……

代理：「陳生，恭喜你！到你揀樓啦！」

買家：「睇吓先……冇晒 600 萬以下嗰啲單位嘅！」

代理：「不如買呢個啦，呢個高層啲，景觀靚好多㗎！」

買家：「但係要成 700 萬喎，我邊買得起。」

代理：「爭少少之嘛，到時有辦法㗎啦！」

買家：「我都係考慮吓先。」

代理：「冇得考慮㗎啦，後面咁多人等，你唔買就冇㗎啦！」

買家：「但係我真係唔夠首期喎！」

代理：「不如咁，我幫你搵個按揭中介，借多一成二按。」

買家：「本身已經借 8 成啦喎，借多一成咪 9 成？」

代理：「係呀，咁你咪夠首期囉，而家放棄好唔抵啫！」

買家：「咁⋯⋯好啦，就呢個啦！」

代理：「好！就咁決定，簽啦！」

其實好多撻訂個案，都因為計錯數引起。

步入展銷廳揀樓現場之前，很多時你都會定好自己的預算，然而當你真正走進去之後，現場氣氛往往令你非常亢奮，經過千辛萬苦、披荊斬棘，終於闖到最後一關，背負着整個家庭的願望，這時候你會輕易放棄嗎？即使貴少少，都會買咗先。

以上述的例子為例，其實發商提供的高成數按揭已經好盡，邊有咁易可以再搵到個轉介借到 9 成吖，最後當然是借唔到，買家無法支付首期，只好撻訂收場。

一手住宅物業銷售監管局提示：

售樓處熱鬧以及緊張的氣氛，容易令人難以冷靜作決定。在任何情況下，買家應保持冷靜，清楚評估自己的負擔能力及各類貸款的最低入息及資產要求，及有關的行政費用，不宜倉卒簽立臨時買賣合約。如你在簽立臨時買賣合約後五個工作日內沒有簽立買賣合約，該臨時買賣合約即告終止，你所支付的有關臨時訂金（即樓價的 5%）會被賣方沒收。

二手中伏篇

俗語有云：「邊有咁大隻蛤乸隨街跳？」
在物業市場，蛤乸是有的，筍盤是有的，但很多時候都需要花時間、精神去尋找，花精力、技巧去鋤價，很少會隨街跳，大老遠就跳過來你的懷抱！很多表面上看似很便宜的，實際上危機四伏，有些物業本質上就有問題，不是買貴那麼簡單，而是有可能借不到按揭，撻訂收場，小心中伏！

新手誤買凶宅伏味濃

樓價高處未算高，新盤瘋狂加價，二手樓又屢創新高，但更癲的是，有「凶宅之霸」稱號的荃灣中心太原樓六屍凶宅都企硬唔減價，樓市癲態盡現！有上車新手更遇上買凶宅附近……

讀者來信

Ann 姐 Anthony Sir 你們好！上次講座見過面，謝謝你們分享，已報下期上車班，相信一定可以又住又賺。近幾單新聞報道有上車新手，誤買凶宅同層單位，銀行拒批按揭，被逼撻訂。近期我跟太太看上一個單位，代理透露，這幢大廈其中一個高層單位，十年前住戶因久病厭世而跳樓。請問這種情況會影響物業的價值嗎？我是否應該放棄購買這個單位呢？

回覆讀者來信

如果單位是凶宅，銀行一般估價不足，甚至拒批按揭。單位將來賣出的時候會比較困難，因此，須有一個比較大的折扣，才能吸引到買家。一般市況下，凶宅大概只值市價七折，當然如果市旺，個個搶買樓，折扣較少如八折、九折都有人買。

如果同一層單位有凶宅，對物業的價值來說，確實有點影響。銀行未必估足價，如果情況嚴重，甚至乎會拒批按揭，將來出售難免被買家壓價。

根據過往經驗，若單位與凶宅同層，情況不太嚴重，大概打個八、九折，就有人承接。如果同一幢大廈有凶宅，除了心理上的影響外，對物業價值來說，未必有影響。在筆者其中一個主場紅磡土瓜灣區，便有一件這樣的怪事。

放心！不是說鬼故、不是講靈異，只是一個奇怪的事。

區內有一幢單幢樓，街坊都知道有凶宅，而且傳聞數目不止一個，理論上，礙於中國人的傳統心理，應該無人買。

事實上，剛剛相反！

該大廈交投非常活躍，估價亦特別足。為甚麼呢？

原來由於大廈有凶宅，部份租客不願意長住，業主亦不願長線持有。聽過一位街坊業主說，入住後周身唔聚財，踎低起身見頭暈，不知是心理作用、還是時運低，總之住不到一年，就搬走了，將單位出租。租客往往住一年搬走，於是業主一過額外印花稅（SSD）期，見樓價升有錢賺，就將物業放售。

或者因為這個原因，這幢大廈交投特別活躍，外區客不知情，從表面數據看，還以為是區內龍頭成交多，估價亦追得快，成為區內呎價最貴的單幢樓之一。因此，只要自己的單位不是與凶宅處於同一層，或樓上樓下，對物業價值不會有太大影響。

新手貪平買銀主盤，快樂得個桔！

讀者來信

Ann 姐、Anthony Sir 你們好！最近幾個月都有睇樓，點知個個業主都唔肯平，間中遇到一兩個有價講的，很快就被人買了。昨天在街上看見一個招貼廣告，開價平一成有多，不過是銀主盤，價錢好吸引，想問問銀主盤有甚麼風險呢？會中伏嗎？

回覆讀者來信

小心！銀主盤不是你想的那麼簡單！

首先你要了解甚麼是銀主盤，所謂銀主盤，一般人買樓都會做按揭，物業就會成為貸款的抵押品，然後業主每月還款。如果業主拖欠甚至斷供，銀行就會收回物業出售，就是銀主盤。

對新手來說，銀主盤甚為複雜，很容易中伏！

先講價錢……平嗎？開價而已，不代表是成交價！

賣銀主盤可以透過物業代理放盤，也可以拍賣。如果是拍賣，開價只是開始競投的價錢而已，例如某單位市值 400，為了吸引買家到場競投，可能會在廣告上寫着底價 320 萬。如果拍賣時氣氛淡靜，千萬別高興，如果未到心目中的底價，例如底價是 380 萬，最高叫價只是去到 360 萬，銀行隨時可以收回物業。如果競投時氣氛熾熱，成交價隨時高於市價！

作為新手，很容易被氣氛影響！

　　所以去拍賣會前，必須先做功課，了解市場價格，心目中有個最高價，若超過這個價就不要高追，這是第一步。

即使銀行心目中的底價低市價一截，不代表真正平！

　　平⋯⋯總是有原因的，例如物業可能有法律訴訟，或者有欠款等；筆者曾經遇過的，例如有業主欠超過一年管理費，有單位嚴重漏水，業主堅持不維修，令樓下多個單位有損失而遭索償。最近亦有個案，業主向多間財務公司再按，欠債高於市值等。

你必須要知道⋯⋯它為甚麼成為銀主盤？

　　買家必須要承接所有有關這個單位的責任，甚麼欠債、僭建等責任都由新業主負責，所以筆者建議，必須在買入單位之前，找律師查清楚，到底這個單位為甚麼淪為銀主盤，是否單純的業主斷供？有沒有其他法律責任？如果有，涉及多少錢？是否在自己能力範圍之內？相關的責任是否會影響銀行按揭？

銀主盤的條款一般會比較「辣」！

　　一般二手樓買賣，條款由買賣雙方協議，有商有量，然而銀主盤的條款是由銀行訂定，買方不可以提出業權查詢、反對或質詢，如果單位被「釘契」又或者「唔見契」等都要接受，隨時上唔到會做按揭，撻訂收場，快樂得個桔！小心！

睇樓千萬別搵長輩同行

買家：「呢間平喎！」

親戚：「太低層啦……」

買家：「呢間高層喎！」

親戚：「面積細咗啲喎，有冇人租㗎？」

買家：「呢間高層有兩房！

親戚：「太貴啦……」

買家：「呢間吖，高層、兩房又唔貴喎！」

親戚：「咁殘，仲有漏水添……」

買家：「呢間高層、唔貴，仲有裝修添呀！」

親戚：「但係佢西斜喎，黃昏時分好熱㗎……」

買家：「呢間高層、唔貴、有裝修、向東南，掂晒！」

親戚：「樓望樓有咩好啫……」

買家：「間間都唔得，咁即係點呀？」

親戚：「嚟緊加息呀，咁心急做咩啫，冇地方住咩？」

很多年青朋友睇樓，因為沒有信心，會找長輩幫幫眼。

一來時間上會輸蝕，真正的筍盤一定會比較多人爭，如果睇完之後不能盡快下決定，要約阿爸阿媽、姨媽姑姐星期六日再睇多一次，很多時候筍盤已經賣了。

再加上很多長輩睇樓的時都會比較負面……

包括筆者的老爸、老媽以往都是這樣！無論你睇甚麼單位，她們總有理由反對，或者是因為潛意識不想你買，或者是因為不敢負責任，或者是因為自己都不太懂。也難怪他們，因為他們怕你會輸，多做多錯，唔做唔錯，不買就不會出事。

細心觀察，絕大部份人都有這種怕輸的心態。

樓市升的時候，他們會覺得樓價太貴，到樓市跌的時候，他們又會覺得經濟差，入到屋永遠只看到差的地方，問題是……這些長輩大部份都是未買樓的，又或者一生人只買過一、兩次樓，又怎能夠給你客觀意見呢？俗語所謂……識條鐵咩？

因此睇樓最好不要帶沒有實戰經驗的長輩同行……

否則這輩子你也不會買到樓，哈哈！

除非，那位長輩是買樓投資的高手！

以前筆者在家裡一個打四個，記得當時一講買樓，老爸、老媽及兩位弟弟都會反對，他們認為不應借貸太多，應該先供完一層，然後再買第二層，筆者買完又租，租完又按，按完又再買，他們覺得風險太高。尤其是老媽，整個星期黑口黑面，後來筆者買樓，都是先斬後奏的，哈哈！

帶朋友去睇樓？

代理：「呢間真係筍盤嚟㗎！」

買家：「我都幾鍾意，考慮吓先啦！」

代理：「好多人睇呀，仲諗就冇㗎啦！」

買家：「你點睇呀？喂喂……咪掛住玩電話啦，俾啲意見啦！」

朋友：「等等，覆埋個 Whatsapp 先，你話咩話？」

買家：「我問你點睇頭先個單位呀？」

朋友：「我唔識㗎喎！」

買家：「咁你覺得個單位好唔好唧？」

朋友：「咁事實又真係幾靚，幾方便嘅！」

買家：「使唔使睇多幾間呀？」

朋友：「之前咪睇咗幾間囉，都差唔多啫，呢間幾好吖！」

代理：「你朋友真係有眼光，一於就呢間啦！」

買家：「你覺得買唔買好呀？」

朋友：「鍾意咪買囉，反正都係自己住啫！」

代理：「一於係咁啦，我幫你寫臨時買賣合約，落幾錢訂？」

　　真人真事，朋友就這樣買了這個單位。

　　後來發現，這個單位估價不足，要另外再多付廿多萬首期，幸好家人支持才順利成交，然而都買貴了廿多萬。

　　上文提到，如果真的想買樓，睇樓的時候儘量不要帶沒有實戰經驗的長輩同行，因為他們擔心你會做錯決定，很多時候都會很負面。然而隨隨便便帶一位朋友同行，亦很容易中伏。

　　上車買樓需要理性分析，然而很多沒有實戰經驗的朋友，很多時候都會用感性做決定，例如入到一個單位，見單位內隴殘舊就會斷定這個單位不該買。去到新樓盤展銷廳，看見示範單位裝修得美侖美奐，就會有購買的衝動。遇到口才出眾的代理，多讚美幾句就會很容易動搖。也難怪，睇樓是功多藝熟的，沒有實戰經驗，自然就沒有辦法給你好的意見。

　　上車班的同學經常一起睇樓，知識重要，社群更重要！

　　如果想成功上車，又住又賺，要找有買樓經驗的朋友同行！

睇樓被代理帶著走！

朋友： 「想問吓美麗大廈有冇盤？」

代理： 「美麗大廈冇放盤喎，不如睇住另外幾個先啦！」

朋友： 「但係我鍾意美麗大廈喎，位置又好，景觀又靚。」

代理： 「係……但係佢好少放盤㗎，而且價錢又貴喎！」

朋友： 「真係㗎？咁點好呢？」

代理： 「不如睇吓另外幾個盤先吖，一樣啱你上車。」

朋友： 「咁好啦，睇咗先啦！」

代埋： 「頭先睇完幾個單位，覺得點呀？」

朋友： 「幾個都係低層單位，又冇乜景觀，感覺麻麻地！」

代理： 「呢區真係冇乜放盤呀，英俊大廈個單位都唔錯吖！」

朋友： 「二樓向住人哋簷篷喎，望出去好多垃圾。」

代理： 「有幾何開窗吖，佢靚裝修喎，即買即住。」

朋友： 「不如都係等吓先啦！」

代理： 「仲等？俾人掃埋㗎啦，二百幾萬好難搵㗎！」

真人真事，去年，筆者跟同學睇一個旺角盤。

很難得有二字放盤，不過質素比較差，同時間有一檔客，看似等上車的年青人，筆者當然叫同學不要考慮，讓給人吧！

自從政府推出 SSD 之後，市場上的二手供應少了很多。

就像去 Speed Dating 一樣，很多時候我們出去睇樓，總是碰不到自己喜歡的類型。尤其是在去年樓市瘋顛的時候，很多時放售的盤源，都是一些比較次等的貨色，由於市場缺盤，即使這些單位都會很多人睇，很多人爭。

代理最重要的任務，不是幫你找筍盤，是促成交易。

當時手上有甚麼盤，就會推甚麼盤，如果沒有好好跟代理打好關係，久而久之你就會發現，自己睇來睇去，都是一些看不上眼的次等貨色，久而久之你就會接受，甚至做錯決定。

傳統做法是⋯⋯代理有甚麼盤，就睇甚麼盤，買甚麼盤。

筆者做法是⋯⋯我想買甚麼盤，就請代理幫我找甚麼盤。

睇樓⋯⋯還是甚麼都睇，睇啫⋯⋯又唔係買，越睇得多，就越清楚知道甚麼價錢是合理，甚麼價錢是貴，甚麼是筍盤，越楚知道自己想要甚麼，這個代理沒有我想要的，就多找幾個幫手，個個代理都沒有我想要的，再等、再找，直到接近的目標出現。

樓價高，呢間連租約最抵？但想借九成……

朋友：「代理又有筍盤介紹，XX 大廈，360 呎，330 萬？」

筆者：「又平咗一成喎，今次係咪凶宅先？」

朋友：「放心，唔係凶宅，因為單位而家有租客，冇樓睇！」

筆者：「咁即係連租約啦，按揭借得 50%！」

朋友：「唔係喎，租客走咗之後，個單位我諗住自住㗎！」

筆者：「銀行唔係同你咁計㗎……」

市場上確實有很多單位連租約出售，價錢比較便宜。

連租約的意思，是原業主已將單位出租，租約未完就將物業出售。例如租約期是 2016 年 7 月 1 日至 2018 年 6 月 30 日，為期兩年，然而業主沒有等到租約完，2017 年 1 月 1 日就將物業出售，餘下租約，即 2017 年 1 月 1 日至 2018 年 6 月 30 日，就要由新買家接手，履行業主的責任，除非得到租客同意，否則不能改動租約條款，例如之前租金太便宜，想調整租金，又或者你想提早收回自己住，都是不可以的，就是連租約買入。

連租約買入物業一般有幾個問題，新手上車未必能處理。

第一，冇樓睇！大部份連租約物業都冇樓睇，因為根據租約條款，只要租客履行責任，準時交租，租客擁有單位的使用權，業主沒有權利入屋或打擾租客，租客沒有責任開門讓你睇樓。

很多朋友都會擔心：「大嗑嗑幾百萬，冇得睇點得？」

事實上很多投資者買樓的時候都沒有睇樓，以前筆者最喜歡買這些物業，價錢又平，又可以即買即收租，甚至不用裝修、不用空置一段時間放租等，然而對於新手上車，心裡肯定不舒服，萬一裡面殘破不堪怎辦？下一章再詳談。

第二，按揭少！根據金管局的指引，出租物業，即使樓價在 400 萬元以下，最高只可以做 50% 按揭。物業是否出租，除了參考你申請按揭時的聲明，最重要是看你買入的時候，單位有沒有租約，只要你是連租約買入，即使你打算當租客離開之後，會將單位收回自用，亦不會當自住，亦只能借 50%。

舉例：物業價格是 360 萬，最低首期如下：

◇ 連租約買入，首期是 360 萬 X 50%= 180 萬

◇ 交吉買入，首期是 360 萬 X 10%= 36 萬

大升大跌篇

大部份已買樓的，都覺得樓價會繼續升。
大部份未買樓的，都覺得樓價會下跌。
升的時候，總會覺得會繼續升，買唔起。
跌的時候，總會覺得會繼續跌，唔敢買。
錯晒！為甚麼投資者，總可以低買、高賣？

樓市大跌前的 4 大凶兆

寫書時 CCL 中原指數在 160 點爭持，升又好似冇乜力，跌又好似跌唔落。很多朋友擔心買樓後樓價大跌，到時變咗負資產就慘，聽過不少前輩分享，例如股市大跌、供應大增、新樓劈價、回報大跌、銀根短缺等，逐一分享 … 大跌前的凶兆。

（一）股市大跌

前輩教落，股市與樓市息息相關，一般來說，股市比樓市行快三個月至半年，例如 2008 年金融海嘯，股市在 2007 年底見頂回落，筆者仍未醒覺，2008 年中樓市崩潰，筆者深受教訓！

至於最近一次 2015 年底到 2016 年中的急跌，明顯主源頭是大陸股災，至於今天，股市又再瘋狂，會唔會又出現 2015 年的情況呢？大家有待觀察。

（二）供應多，新樓滯銷，帶頭減價。

二手業主企硬，尤其是得一、兩層樓的，賣咗都唔知買乜，自然會企硬，但新樓發展商就未必會同你守！1997 年到 2003 年期間，新樓價錢仲平過二手，拖冧樓市。不過睇番最近市場，中資發展商來港搶地，香港發展商搶唔到地，未必會急於套現，反而求價不求量。不過大家要留意，政府公佈未來增加，而且好多都係納米樓，不宜過份樂觀。

（三）回報持續下跌，買樓收租不再吸引

好多人覺得港樓冇得跌，因為香港人有錢，老老實實，有錢唔代要要做傻瓜！如果回報不合理，自然就唔買。2008 年的時候，不但樓價大跌，租金亦大跌。前輩分享 1997 年的時候，租 8 千元的單位，供樓要 1.8 萬元，想唔斬倉都

唔得。雖然現時租金仍然企穩，但如果樓價持續上升，回報同樣會下跌，其實現時很多大型屋苑回報已跌至 3 厘甚至更底，只要按息追貼呢個價位，相信唔少醒目投資者都會另尋出路！

（四）銀行收水

睇番 1997、2008 兩次大調整，銀行取態對樓市影響似乎最大，尤其是 2008 年，筆者有朋友曾經遇過，明明已經批出咗按揭，成交之前幾日，忽然間話唔借俾你，最後要搵財仔，亦有朋友選擇撻訂，形勢凶險。記得當時的銀行估價，總比市場成交價低，明明做緊 400 萬，銀行就估 360 萬，都是收水跡象。現時銀行估價進取，加上多年來不斷收緊按揭，又有壓力測試，銀行似乎唔似收水，看來現時銀行資金仍然充裕。然而如果美國持續縮表，持續加息，又是另一個世界。

專家話樓價遲啲會跌，等跌到底我立刻買！

「而家樓價咁貴，買唔過喎！」

「遲啲等樓市大跌，我一定會買！」

每個未買樓的人，總會有樓市大跌的期望。

希望最底位買入，然後樓價大升，從此幸福快樂地生活。

童話故事咩？！事實上，十個新手，九個跌市買唔到樓！

2015 年中至 2016 年初，跌了不少，整體指數跌了一成多，我們很多同學買到比高位下跌兩、三成的筍盤，你們呢？

為甚麼跌市總是買唔到樓？

第一，樓價跌的時候，總是怕會再跌！

為甚麼呢？首先我們要知道，跌市很多時候是因為市場出現很多壞消息，令市民覺得樓價會跌，所以賣樓的人多，買樓的人少。當壞消息充斥市場，例如 2016 年初，全城唱淡，講到香港經濟好似冇得救咁，於是出現下跌。在這個氣氛籠罩下，試問一個新手，又點可能做到眾人皆醉我獨醒？就算仔真係醒，身邊的親戚朋友都會嚇鬼：「而家買？死梗啦！」你都會很容易受到影響，等多一會。到樓市確認轉勢，已經追不上車了。我們當時睇中，是因為實戰經驗與客觀分析累積而來的心理質素，既然是新手，當然不會有啦！

第二，樓市大跌的時候，很多時銀行都會收水。

正如很多前輩所說，銀行是會「落雨收遮」的。當經濟逆轉，樓市下跌，銀行為了減低風險，通常都會減少借貸。最極端的例子是 2008 年的時候，全球金融市場出現信貸危機，很多銀行都拒批按揭，當時樓價的確很平，筆者記得，當時荃灣中心等上車盤跌到 100 萬以下，3 個月內急跌 3 成多，非常恐佈。樓價是平，但很少人買得到，因為銀行不願借錢，一來按揭成數可能會減少，二來估價可能會調低，買樓要預 5、6 成首期，甚至 Full Pay，試問又有幾多新手買得到？

第三，對自己沒有信心！

即使你對樓市有信心，覺得已經跌到差唔多，即使你有資金可以付較多首期，但是你還是未必會買，為甚麼呢？因為很多人在這個環境氣氛之下，對自己沒有信心。例如 2008 年金融海嘯的時候，經濟逆轉，到處裁員減薪，當時朋友之間最常聽見的一句是：「份工都未必保得住，仲邊敢諗咁多？」有實力的資本家當然可以拿點錢出來撈底，但新手呢？敢嗎？

講真，正如前文所說，樓價真係睇唔到會大跌！

就算大跌你都未必買到，誰會知道幾時跌到底？不如積極點，趁現在還低息，由捕捉小周期開始，一步步實現你的上車大計吧！去年聽我們呼籲買樓的同學，已賺到第一桶金了！

我收入不多，儲不到錢！

「我人工得萬幾蚊，又要搭車食飯又要俾家用，
邊儲到錢？買樓首期要百幾萬，點有可能儲得到？」

很多時候跟年青人上車買樓，都會跟我數流水賬。

例如每月收入 1.5 萬，每天上班乘車、吃飯花多少錢，每個月付保險、電話費、家用、還 Grant Loan 多少錢，基本交際、娛樂、消費多少錢，所餘無幾，如何儲錢？

你中伏了！儲錢只是其中一招！

想儘快成功上車，就要學會儲、賺、借、挾！

儲錢……是一種態度

有效儲錢的方法有很多，最重要是你是否願意儲！

只要你有明確的目標，就會很有動力，有很多方法，慳到錢會很有成功感。相反如果不願意儲，就會想到很多理由花錢，覺得慳錢很痛苦。有次跟朋友去麥記吃包包……

筆者：「魚柳包吖，做緊特價！」

朋友：「好心你啦，咁多樓收租，食個包都慳？」

筆者：「魚柳包同其他包有乜分別呢？我都鍾意食！」

朋友：「咁唔使專登揀個平嘛！」

筆者：「價錢爭成倍喎！點解要揀個貴呢？」

工作很辛苦，花錢享受一下，獎勵一下自己，天經地義。

後來有清晰目標，要儲錢買樓、創業，心態開始轉變，再後來經歷金融海嘯，要死慳死抵去供樓，更深深體會到，原來享受生活、獎勵自己不一定要花很多錢。

賺錢

不要只想着儲錢，賺錢才是最重要的！

假如你每月收入不多，只有 1.5 萬，就算你如何努力，不吃不喝不乘車，最多也不過儲 1.5 萬，所以重點不在儲，而在賺！想辦法增加自己的收入，將來借按揭也容易。如何增加收入呢？工作上要儘快爬升，工作以外的時間更重要！要盡快多找一些機會賺錢，甚至發展自己的事業。

借錢、挾錢

想倍速上車，就要再多學習一點財技，學借錢、學挾錢！

有篇報導，一對年輕夫婦買家，儲了十多年錢，儲了 160 多萬首期，做 6 成按揭，買一個 400 多萬的單位，為甚麼要做 6 成按揭呢？年青人上車，最多可以借 9 按揭，400 多萬的單位，4、50 萬就可以！又有很多同學與親友挾錢，例如與家人、情侶聯名、擔保等等，一個人收入 2 萬元，兩小口子加起來就是 4 萬了，馬上就可以買一層了。今天辣招招數很多，要懂得計算清楚，例如會否影響你的購買力等，往後的章節再詳細說明。

買樓很辛苦？因為看不到機會！

年青人：「買樓好辛苦啊！」

筆者：「點樣辛苦呢？」

年青人：「又要儲首期，又要供樓。」

筆者：「就係因為咁覺得好辛苦？」

年青人：「梗係啦，要慳住食、慳住洗。」

筆者：「如果我同你講，有個筍盤等緊你，持貨三年，保證可以賺到100萬，如果賺唔到，我賠番俾你呢？」

年青人：「咁……死都捱埋佢啦！」

筆者：「唔辛苦咩？」

年青人：「就算辛苦，都係值得！」

大部份年青人都怕買樓，因為他們只看到付出。

在他們眼中，買樓代表要儲首期，儲到首期之後，又要每個月俾錢供樓，每個月可以花的錢少了很多，要慳住洗、慳住食，最可怕的是這些日子唔知要捱幾耐，隨時要捱幾十年……

喜歡磚頭的朋友不會覺得辛苦，因為他們看到機會。

公司幾位 80 後小妹都上了車，其中兩位更已經有兩層樓，為了上車，她們省吃省用，努力賺錢，每個年代的年青人上車，都要經過幾年血汗日子。然而我們不覺得辛苦，反而越來越有動力，想買第二層、第三層，因為我們看到的不一樣。

推開大門，走進單位……

年青人看到要付多少首期、供多少樓。

投資者呢？看到賺多少錢、收多少租。

　　例如幾年前筆者買了一個殘裝的單位，旺角區 30 多年樓，當時區內呎價約 1 萬元，以這個單位 330 呎加 330 呎平台計算，合理價值應該在 360 至 380 萬左右，如果悉心裝潢，應該可以賣到 400 萬以上，筆者以 280 萬就買到了。

負面想法：

首期多少錢、供樓多少錢

正面想法：

賺多少錢、租多才錢

　　以當時收租物業最高可以做到七成按揭計算……

　　關於首期，負面想法是近 100 萬首期，還要花大筆錢裝修，正面想法是幾年後賣出即使樓市停滯不前，都可以賺 100 多萬。關於供樓，負面想法是每月供款 7,000 多元，正面想法是執靚裝修月租可高達 1.3 至 1.4 萬，正現金流逾 5,000 元！

又會有人問：「實賺㗎咩？唔賺點先？」

筆者回應：「咪玩啦！如果覺得唔賺，根本就唔會買啦！」

大屋苑抗跌力強？

觀眾Ａ：「依家樓價跌咗啲，買唔買得過呢？」

筆　者：「依家容易傾價，的確係搵筍盤好時機！」

觀眾Ｂ：「買咗會唔會再跌㗎？」

筆　者：「投資冇包生仔喎，所以最好揀防守力強的物業。」

觀眾Ｃ：「點先算防守力強？」

筆　者：「大家覺得呢？」

觀眾Ａ：「大型屋苑，成交量高，點都會有人買。」

觀眾Ｂ：「鐵路沿線，交通方便，買賣都容易。」

觀眾Ｃ：「樓齡新，質素比較高，買嘅人會比較多。」

筆　者：「大部分人都係咁諗，死得！」

先講大型屋苑，成交量高，只是比例上而已。

買的人多，不過放盤更多，唔一定賣得出，相反單幢樓成交量少，但買的人更少，賣樓不會多。記得在 2008 年金融海嘯的時候，筆者手持六個單位，絕大部分都是單幢樓，下跌幅度有限，尤其是港島西的幾個單位，僅僅調整一成多，區內業主就沒有再落價了。然而另外幾個大型屋苑單位，則戰情慘烈，荃景圍那邊的單位，筆者在 2008 年中以大約 125 萬左右買回來，短短三個月，樓價就下跌了三成！

　　當時的情況應該以「踐踏式」下跌來形容，大家都等用，你賣 120 萬元，我賣 110 萬元，他賣 100 萬，非常恐佈！筆者記得代理不停致電來殺價，聽得多了，陣腳漸亂⋯⋯

　　這個星期先有代理 A 來電：「有冇睇新聞呀，樓市好差呀！不如我 110 萬幫你走咗佢先啦！」

　　過兩個星期又有代理 B 來電：「唔掂啦！唔掂啦！經濟好大鑊呀，再唔走冇得走㗎啦，100 萬賣咗佢啦！」

　　再過兩星期，到代理 C 來電：「死啦！今次實會好似 97 咁跌七成，再唔走跳樓都唔掂，90 萬搵人幫你接咗佢啦！」

　　幸好當時買的樓，租金回報高，即使要劈價，仍然夠供樓，才不致於被市場震出來，就筆者所見，當時有些業主被嚇倒，不到 100 萬將物業拋售，去年高峰期高見近 380 萬！

　　筆者當時被劈的單位，質量其實不錯，重返買入價之後就賣了，可惜！其實想深一層，樓市升跌本來就是平常事，買入後要持貨三年，總要面對起跌。

樓齡新、質素高⋯⋯抗跌力強？ 升值潛力高？

朋友：「想問問你意見，我好唔好賣咗層樓先呢？」

筆者：「早幾年買嗰個新盤？做乜咁急賣？」

朋友：「揸咗三年幾，不但冇升，最近仲有鄰居蝕讓！」

筆者：「而家氣氛差，賣唔到好價錢，遲啲先啦！」

朋友：「我驚會繼續跌嘛，區內好多新供應。」

筆者：「就係因為新盤多，先唔好賣住，你唔夠新盤抽㗎！」

朋友：「如果嗰陣跟你哋買市區舊樓就好啦⋯⋯」

最近經常有朋友問賣唔賣好，都要安慰朋友。

這位朋友買的是幾年前的元朗新盤尚悅，今年被受世宙、朗屏8號、映御等新盤夾擊，出現蝕讓個案。朋友顯得有點擔心，筆者相信過了新盤高峰期，情況會好轉的。

前文分析過屋苑規模大，跌市的時候或會跌得更狠。

至於樓齡新、質素高的物業，抗跌力、升值潛力又如何？

翻查近日的劈價新聞，早幾年買樓，今天仍然都要蝕讓的，很多都是當年的新樓。幾年前還沒有 BSD，人民幣湧入香港物業市場，不少新樓盤都會到大陸搞展銷會，由於大陸豪客多，也不太知價，新盤開價高不尋常地高，例如旁邊的二手半新樓賣 1 萬元，它就賣 1.2 萬至 1.3 萬，溢價甚高。

所謂溢價，意思是物業本身不值這個價，因為某些「因素」而令到價錢炒高至不合理價位，當「因素」消失，樓價就要回復正常，所謂去溢價現象，表現就會比其他物業遜色。

例如細價樓，過去幾年因為政府不斷收緊按揭，令到越來越多人買不起中高價物業，資金被迫向細價樓市場，近日供應明顯增加，這個「因素」略有減退，近日發展商提供按揭優惠，大受歡迎，可以預期按揭一日不放寬，細價樓仍然具備價勢。

又例如樓齡新的物業，質素高，買家願意付出更多去買。

適逢幾年前國內買家加入戰團，新盤樓價搶得更貴。隨著政府推出 BSD，國內豪客離場，這個「因素」消失，價錢自然要回復至合理水平。過去幾年樓價急升，幾年前高位推出的新樓盤價錢沒有跟上，就是因為要消化，要去溢價；因此最初幾年，無論是抗跌力，還是升值潛力都是比較低的。

不過買新樓亦未必一定會輸，例如近日新樓開價沒有溢價，平二手甚至比二手更低，這種價位買入的新樓，較具競爭力。

鐵路沿線⋯⋯抗跌力強？升值潛力高？

朋友：「點解你買嗰度嘅？冇地鐵㗎喎！」

筆者：「有咩問題？」

朋友：「你唔覺得交通好唔方便㗎咩？」

筆者：「我响西環大㗎，由細到大都冇地鐵。」

朋友：「有地鐵升值潛力唔會高啲咩？」

筆者：「既然已經有地鐵，價錢可能亦已經反映。」

　　一般人認為地鐵沿線的大屋苑抗跌力強、升值潛力高，最主要是因為他們相信，有興趣買的人會比較多，當樓價跌，願意接貨的人多，因此抗跌力強；當樓價升，願意追貨的人亦比較多，因此升值潛力高。然而今次跌浪，大家看到另一個事實，大屋苑的跌幅更大。為甚麼會這樣？因為上述這個邏輯只計算了需求，沒有計算供應，是的⋯⋯買的人多，不過賣的人更多！

　　以前未有 SSD 的時候，師傅教落，如果一個屋苑的每年成交量，多於總伙數的一成，我們就會視之為高流通量。例如這個屋苑有 10,000 伙，每年成交 1,000 伙，就是高流通量了。現在有 SSD，成交減少，大概 4~5% 就合格了。小屋苑、單幢樓伙數少，成交當然少，然而不代表低流量，例如某大廈有 200 伙，每年成交 10 伙，已經符合高流量的要求了。

　　香港鐵路越起越多，越去越遠，所謂鐵路沿線，上班、下班可能亦要花一小時，偏遠地區的鐵路沿線，就抗跌力來說，優勢並沒有想像中那麼明顯。至於升值潛力，優勢更低。

甚麼情況下一個物業會升值？

　　如果不靠大市上升，最主要因素是樓盤、小區有沒有改善，以筆者過往投資的西營盤站、何文田站為例，以前沒有港鐵，交通不方便，外來人口少，樓價升幅有限。然而隨着港鐵通車，外來人口多，名氣不斷提升，樓價亦升得很快。

　　如果樓盤早已經在鐵路沿線，由於交通方便，樓價亦較高，換句話說，樓價早已反映其鐵路沿線的優勢。相反現在仍然未有港鐵的地方，價錢較平，如果將來交通改善，爆炸力或更強。

　　物業的升值潛力，要看這個單位、這個屋苑、這個小區有沒有增值的空間。同時亦要看你的買入價，是否有水位。不能一概而論地說，港鐵沿線、大屋苑，升值潛力一定較好。

多數人睇跌，係咪真係會跌？

朋友：「弊！調查顯示七成以上市民認為樓價會繼續跌！」

筆者：「哦……」

朋友：「你好似冇乜反應咁嘅？」

筆者：「你覺得應該有咩反應呢？」

朋友：「你唔驚咩？七成以上喎！樓價實有排跌啦！」

筆者：「只係代表佢哋睇法，唔代表樓價真係有排跌啫！」

朋友：「唔係多數人覺得會跌，就會跌㗎咩？」

筆者：「梗係唔係啦，主流思想好多時都唔一定係啱！」

朋友：「例如呢？」

筆者：「每次股災前，大部份人都覺得股市會升，最後呢？」

朋友：「股市大跌，大部份人都輸到開巷！」

筆者：「同樣每次谷底回升前夕，多數人都覺得會跌。」

朋友：「講開又好似係喎！」

筆者：「就好似 2004 年，多數人都覺得會繼續跌。」

朋友：「睇返轉頭，個個都後悔點解當時冇瞓身買樓！」

筆者：「仲有 2009 年，個個高官都話金融海嘯第二波。」

朋友：「當時我都驚，所以冇買到，而家諗番都幾後悔！」

筆者：「所以民意調查，只反映市民睇法，唔代表真！」

朋友：「今次呢？」

筆者：「其實部份資深投資者，例如湯博士已經改變睇法。」

這篇文章寫於 2016 年初，亦有刊於媒體。

當時全城唱淡，我們認為見底在即，呼籲同學們出去撈底，結果多位同學成功買到筍盤，一個 300 萬的細價樓，一年就升過 100 萬！某大國際金融機構，每年都會發表一個名為「財富金字塔」的統計報告，統計全球財富分佈，原來財富分佈非常不均⋯⋯

金字塔底部，逾 70% 的普通人，擁有僅逾 3% 的財富。

反映大部份人的所謂主流想法，從投資角度看，不一定對，更不代表能帶給他們財富，再看看當中的比例，非常有趣，又是 70%，既然如此，何必要為這個所謂主流想法而憂慮呢？

金字塔頂部，最富有的 1% 人，擁有 40% 以上的財富。

反映這小部份人的另類想法，可能會更賺錢。如果選對參考對像，這 1% 人的想法，好好學習、運用，往往帶給你更大財富。

大部份人都很容易受到環境氣氛的影響。

事實上，每個人都有自己的工作，正所謂⋯⋯你有你的生活，我有我的忙碌，並非很多人對物業投資市場很熟悉，例如一個做政府工，高薪厚職的朋友，忽然有人問他⋯⋯點睇未來一年的樓市？他是否可以有充足的資訊、分析作客觀回應呢？還是只道出他的感覺？這感覺從何而來？會否來自身邊的親朋戚友呢？還是來自社交媒體上，每天都在洗版的劈價、冧市新聞？

樓市周期……大跌市會重演嗎？

讀者來信

Ann 姐 Anthony Sir 你們好，最近開始看你們的文章，學到很多買樓知識。想問問，不少學者提出樓市每隔十年多一點，就會經歷一次由盛轉衰的大調整，還舉出不少例子，例如 1969 年至 1981 年，升了 12 年，然後跌了兩年，由 1984 年到 1997 年升了 13 年，然後跌了 6 年，由 2003 年計起已經升了 12 年，大跌會在未來一兩年出現嗎？應該再看清楚形勢才買嗎？

by Ryan

回覆讀者來信

首先，為甚麼是 12 年呢？為甚麼是 2003 年升到現在呢？

難道大家忘記了 2008 年金融海嘯嗎？或者當時閣下仍然未想到要買樓，沒有甚麼感覺，然而筆者對金融海嘯記憶猶新，2007 年筆者剛剛將自住物業加按套現，瘋狂買樓，金融海嘯前夕共持有 6 個單位，金融海嘯突如其來，各大屋苑樓價在短短幾個月內急跌三成，趕不及逃生，幾乎一鋪清袋！幸好手上物業都是租金回報高的細價樓，死裡逃生，還不算大調整嗎？

跌市不到一年，急速反彈！或者因為時間短，大家都遺忘了……

細心想想，對環球經濟，尤其是歐洲及美國來說，這絕對是一個超級大災難！美國要到今年經濟才叫做有起色，才開始考慮加息，歐洲很多國家到今天仍未擺脫財困，如果不是美國人發明了銀紙印刷術，早就崩潰了！還不算大調整嗎？

其次，所謂周期、調整，每個人的目標不同，你想調整多少？

五成？七成？我都想！可惜有生之年都未必睇到！

當年 SARS 的時候樓價調整七成，老老實實，如果你有一個市值 300 萬的單位，假如今天 SARS 重臨，你願意用 90 萬賣給我嗎？相信你情願與這個單位共存亡！每次周期，我們都在學習，都在吸收經驗，所以到了金融海嘯，跌幅只有金融風暴一半，因為我們已經見慣風浪了。再者，金融海嘯一役，人類發現原來印銀紙可以扭轉敗局，救市容乜易？

等？如果要再等十年、廿年呢？還會等嗎？

最後，大調整不知何年何月，調整一、兩成，隨時都有機會！

別忘記，香港還有偉大的「逆周期」政策！政府努力阻止泡沫出現，沒有泡沫又何來崩潰？取而代之，樓市都會以小周期運行一段漫長時間，例如 2015 年中至 2016 年初，壞消息充斥，就跌了兩成，後來好消息陸續出來，2016 年中至今又升了兩成多，再加上投資者買賣技巧，一來一回兩、三成水位不難。自從人類發明了這些扭曲市場的招數，筆者就不再相信甚麼周期了，要等？還是要靠自己？

自住樓，真係唔怕跌？

讀者來信

Anthony Sir、Ann 姐你們好，非常欣賞你們對樓市的分析，很實在、很客觀，如果早兩年認識你們就好了，相信可以跟你們其他同學一樣，成功上車又住又賺。最近我和太太到元朗區睇樓，代理帶我們睇了好幾個樓盤，其中有個樓盤價錢很便宜，在西鐵站乘搭一程接駁巴士，幾分鐘就到了，我和太太都喜歡寧靜的生活，睇完這個樓盤之後覺得很喜歡，而且面積又夠大，正適合我們生兒育女的計劃。然而身邊的朋友、親戚都不贊成我買這個樓盤，說地點比較偏遠，將來樓價沒太多升值空間，如果市況不理想，例如遇上現時的靜市，甚至可能會跌。我們就是喜歡寧靜生活嘛，物業是我們自己住的，未來十年、八年亦未必會賣，樓價跌又有甚麼問題呢？我這個想法對嗎？還是我應該客觀理性地去考慮物業的價值？

by Zen

回覆讀者來信

自古以來，不少朋友相信：「自己住啫，跌都冇所謂！」

筆者並不反對這句話，如果你有很多、很多錢，有很多、很多物業，這個單位純粹是你的心頭好，錢不是問題，就是喜歡！如果你已經到了這個境界，絕對有本錢說這句話！

這句話很有霸氣，如果你沒有本錢，那就是中伏了！

以你的情況為例，辛辛苦苦儲了筆錢，值得全押在自住樓嗎？

如果這層自住樓價賺錢，當然沒有問題，如果你明知它不會賺錢，為甚麼還要買呢？上車買樓是你的第一步，它是你的踏腳石，今天可能你財力有限，只能夠買到一房一廳的細單位，不要緊，將來有能力再換兩房一廳，這就是所謂換樓階梯。

舉例，今天你以 400 萬買入一個細單位，做 9 成按揭，幾年後樓價升了兩成，賣出之後你可以取回多少錢？

◇ 買入價：400 萬，首期 40 萬

◇ 賣出價：480 萬，賺 80 萬

◇ 賣樓取回：60 萬 ＋ 40 萬 ＋ 幾年供樓本金 ＝ 逾 120 萬

有了這筆錢，你就可以有更多選擇。

以現時的按揭指引計算，你可以用盡 8 成按揭，買一個價值 600 萬的單位，相反如果你買的樓不升反跌，有這個機會嗎？

很多朋友都喜歡說：「我買樓唔係為咗賺錢！」

弦外之音，買樓賺錢好像是一種罪惡！難道你打算一輩子住在這個細單位，就算不是為了賺錢，也希望將來的居住環境越來越好吧！人生沒多少個 100 萬，好好珍惜！

代理過招
中伏篇

筆者：「又話想上車買樓，點解唔多啲出去睇樓呀？」

朋友：「我都想，不過有啲驚呀！」

筆者：「驚乜鬼呀，睇之嘛，又唔係即刻要買。」

朋友：「就係囉，我驚俾代理呃呀！」

筆者：「又唔係個個代理都咁得人驚嘅！」

好的代理，可以幫你買到筍盤，可以幫你賺很多錢，立心不良
的代理，可以令你買貴樓，令你蝕錢，甚至買錯樓，血本無歸，
最重要自己有基本認識，與代理過招時才可以免於中伏！

這個筍盤剛剛賣了！

朋友經過代理行門外，看見有個放盤，很筍！雙眼發光！

朋友：「唔該我想睇美麗大廈 360 萬嗰個單位。」

代理：「好呀，入嚟坐吓，我幫你 Check。」

朋友不疑有詐，於是就走進代理行，喝口茶，等筍盤。

代理：「呢個單位早兩日啱啱賣咗！」

朋友：「真係可惜啦！」

代理：「唔使失望，呢個屋苑……有個單位仲筍嘅！」

朋友：「真係？點筍法先？」

代理：「頭先個單位好殘㗎，呢間裝修靚好多，398 萬咋！」

朋友：「貴好多喎！」

代理：「九成按揭，首期爭幾萬之嘛，睇咗啱再幫你傾啦！」

朋友：「好啦，咁睇咗先啦！」

這種情況經常發生，貼在玻璃的，總是很多筍盤。

當你走進去問，代理就會告訴你：「呢間賣咗啦！」

中伏了！可能……根本就沒有這個盤！

然後代理就會介紹很多價錢較貴的樓盤給你……

不停游說你，這些都是優質單位，貴些少都值得云云。

不少曾經中伏的戰友，都痛斥代理張貼假盤引人入局。

筆者不敢妄下判斷，事實上很多時候未必是假盤，只不過是上個月的，甚至是上年的過期廣告，忘記更換而已，奈何？

事實上，在政府辣招扭曲下，近年成交萎縮，地產代理生意競爭激烈，尤其一些比較多地產代理行的地區，如果間間代理行都貼 398 萬，你會走進這間代理行嗎？若不多找幾個筍盤貼在當眼位置，又怎能吸引你停下腳步？

除了代理行門外張貼的廣告，網上放盤亦有類似情況，小心！

叫價、收實、可試……哪個價真？

談到無中生有的筍盤，又有代理又會有這一招。

當時筆者有個放盤，叫價 400 萬元，收實 380 萬元。

通常筆者都會多幾間代理行，多幾個代理幫手推，始終好過一個代理推。公平起見，每間代理行，都會講同一個要求，理論上放十間代理行，十間都應該標價 400 萬，留 20 萬議價空間。

然而總有些代理偷步！曾經有代理在宣傳單張上寫「收實 380 萬」，竟將業主的底價 380 萬坦蕩蕩的寫出來，那來議價空間？氣得筆者七孔噴煙！最過份的竟然寫「可試 370 萬」，意思是業主有機會可以 370 萬收票，何時說過呢？自把自為！簡直氣得七孔流血！其他代理責難：「鍾生，你又話放 400 萬，點解隔離賣 370 萬㗎？無端端貴過人 30 萬，點幫你做呀？」

站在代理立場，同樣道理，如果個個都寫 400 萬，客人為甚麼要走進你的店呢？不如直接寫「收實 380 萬」，最多客人議價時企硬不減！還未夠絕？「可試 370 萬」如何？代理可沒有騙你啊！他會幫你試 370 萬，業主肯收當然皆大歡喜，不肯收也沒辦法，試……但不保證試到！簽了睇樓紙嗎？又中伏了！

A 代理

美麗大廈

| 高層靚裝、300呎 | **400**萬 |

代理：「業主開價 400 萬，不過有得傾，我帶你睇咗先，睇啱鍾意我再幫你傾吖！」

B 代理

美麗大廈

| 高層靚裝、300呎 | 收實 **380**萬 |

代理：「我哋同業主好熟，平過其他行，唔信你去隔離睇吓。呢個係底價，冇得點減㗎啦，睇咗啱先再傾。」

C 代理

美麗大廈

| 高層靚裝、300呎 | 可試 **370**萬 |

代理：「業主同我哋好熟，如果你落票，我幫你試。」
代理：「業主反咗價，要 380 萬，俾多少少啦！」

D 代理

美麗大廈

| 中層普裝、300呎 | **350**萬 |

代理：「呢個盤賣咗啦，唔緊要，最近收到個盤，仲筍！高層靚裝，貴少少之嘛，我帶你去睇吖！」

收租回報超過 4 厘？很筍啊！

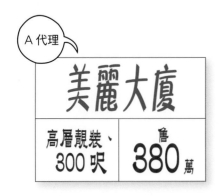

A 代理

美麗大廈

高層靚裝、
300 呎

售
380 萬

B 代理

美麗大廈

高層靚裝、
300 呎

售
380 萬

租
15,000

朋友經過某代理行門外，看見這個盤，雙眼又發光！

朋友： 「嘩！呢個盤抵呀，回報有成 4.7 厘！」

筆者： 「冷靜啲先，係咪真係租到呢啲價㗎？」

朋友： 「租打個九折吖，賣價咪又傾個九折囉，一樣啫！」

筆者： 「邊個放租同放售一定有關係？」

很多時候我們都會用租金回報評估一個物業的價值。

租金回報的公式是……

◇ 回報率 = 每年租金 / 樓價 = 月租 X 12 / 樓價

◇ 以月租金 15,000 元計算，每年租金就是 180,000 元，以樓價 380 萬元計算，租金回報就是 4.7%，以今時今日一般大型屋苑的租金回報只有 3~3.5%，這個回報率非常高了。

問題是⋯⋯真的可以租到 15,000 元嗎？

曾幾何時，有代理向筆者推銷車位，話說在港島某工業區，有位資深投資者買下了某大廈整個停車場，重新包裝後拆售。

代理：「每個 120 萬，租 4,500 元，回報 4.5%，抵買呀！」

筆者：「租 4,500 元？唔係化？奧運站都唔使呢啲價喎！」

代理：「業主全部翻新過嘛，而家個場好靚㗎！」

筆者：「泊車啫，又唔係住，靚都冇理由租咁貴㗎？」

代理：「最近真係成咗兩單㗎，唔信我俾租約你睇吖！」

筆者繼續做資料搜集，發現附近有一個屋苑的停車場，月租才 2,600 元，聽聞該停車場在翻新前，月租亦只是 2,500 元。筆者不敢否定代理所說的兩宗成交，有業主放租，有租客承租，就是真實成交了，可能租客非常喜歡這個場呢！問題是業主租到這個價，不代表你租到這個價。

同樣，之前的情況，業主放租 15,000 元，不代表租到！如果沒有寫上放租意向，380 萬元你未必覺得抵，寫上放租 15,000 元，感覺很抵買，正所謂⋯⋯唔買都睇吓！中伏了！

劏房回報超過 5 厘？很筍啊！

上文提到曾遇過不少代理，以高租金回報作賣點吸引買家。

如果你到舊區，睇舊樓、單幢樓，這個情況更普遍……

代理：「呢個盤租金回報好高，有 6 厘！」

朋友：「6 厘？唔係化？」

代理：「業主間咗 3 個套房，每個月租 7,000 元。」

朋友：「加埋咪 21,000 元？！」

代理：「係呀，而家個單位賣 420 萬，回報係咪 6 厘？」

與其說是土地問題，不如說是時代變遷。由於舊樓面積相對較大，動輒 5、600 呎，甚至近 1,000 呎，幾十年前的香港，很多都是三代同堂的大家庭，一家七、八口是等閒事。今時不同往日，年青年剛畢業就嚷著要搬出去過獨立生活，即使生兒育女亦是一個起、兩個止，要這麼大面積幹嗎？於是不少業主將單位分間，租予單身上班族或小家庭。這個情況，陷阱何在？

第一，租金被高估！

例如這個 400 呎的三房單位，正常租金 13,000 元，然而間成幾個套房之後，可以收租 20,000 元，說實話，如果做籠屋，租金回報可能更高！然而這個所謂高回報，是建基於不正常的做法；首先，成本都不一樣！現時間套房的工程貴用，每間房隨時要 8 至 10 萬元，如果要入則，每間再加幾萬元，這個成本算進去沒有？還有營運成本、維修成本都會比較貴，因此單單以收到較高租金來評估樓價，並不準確，應該用 13,000 元計算。

第二，套房或違例，銀行或不借按揭！

　　近年市場上有很多已經間成套房的單位出售，價錢挺便宜，由於政府嚴厲打擊違例僭建，不少業主都收到屋宇署的清拆令，為免麻煩就賣出來，如果沒有查清楚就買下來，責任就由新買家孭上身！例如要將單位還原，然後再裝修，動輒幾十萬元。另一個炸彈是……若銀行知道單位違例間成套房，隨時不借按揭，有錢成交嗎？就算有……值得嗎？下手買家呢？如果他們借不到按揭，還會買嗎？就算買……都狠狠地殺價！還不中伏？！

好多客傾緊，唔買就冇啦！

很多時候為了促成交易，代理都會製造緊張氣氛。

尤其是在旺市的時候，睇樓的人多，放盤的人少，每個單位都有幾十枱客睇，即使代理沒有加鹽加醋，氣氛都會緊張，新手買家很容易就會做錯決定。記得在 2008 年，筆者曾經中伏！

當時筆者與另一位戰友，到荃景圍細價樓孖寶荃灣中心及荃德花園睇樓，當時氣氛相當熱烈，由於之前筆者未去過荃景圍，第一天先考察做功課，一口氣睇了近 10 個單位，睇完之後，回家計計數，考慮一下，誰知不到兩、三天後，開價稍為合理的都被掃光，唯有第二個星期再去睇過，今次有備而來，帶備支票簿，隨時出擊。當時荃灣中心筍盤已被掃光，於是就跟代理到旁邊的荃德花園，所餘筍盤不多，我們看上了兩個 120 多萬的單位，代理催促我們即日決定。

代理：「最後呢兩個筍盤，同事有客傾緊，唔買就冇㗎啦！」

朋友：「諗緊會唔會有更好選擇……」

代理：「俾埋電腦你睇，賣咗呢兩間，最平都 140 萬啦！」

朋友：「咁……」

代理：「放心喇，個市咁旺，如果你想短炒，轉頭就可以幫你賣番出去，轉轉手就賺十幾廿萬，冇難度啦！」

於是我們就即場落訂，當時是五、六月，後來市場氣氛開始逆轉，三個月後，收鎖匙了，市場氣氛急轉直下，雷曼爆煲！之前代理不是說幫我們轉手就賣出去嗎？不是說賺十幾廿萬冇難度嗎？人在那裡？莫說賣不出，就連放租都無人問津，單位空置了接近一個月，負責的代理更加離職了！

後來接手的代理，致電來的代理，沒有一句好說話，都是叫我劈租、劈價、蝕讓的，非常嚇人。幸好這些細單位的租金回報不俗，即使減了租仍然夠供樓，所以才不至於賤賣。

代理Ａ問：「鍾生，而家個市好差喎，110萬賣唔賣？」

再過兩星期，代理Ｂ問：「而家唔賣輸死喎，100萬賣唔賣？」

再過兩星期，代理Ｃ問：「我有客出90萬，賣唔賣？金融海嘯，到處裁員減薪，再唔賣跳樓都唔掂！」

後來發現，不少代理都用這一招，假設有兩枱客睇完樓⋯⋯

代理Ａ跟買家Ｘ說：「同事Ｂ有客傾緊，就落訂，唔買就冇！」

代理Ｂ跟買家Ｙ說：「同事Ａ有客傾緊，就落訂，唔買就冇！」

當時筆者買第六層樓都中伏，何況新手？

細代理行不可靠？

有次經過一間代理行，看見一個筍盤。

筆者：「呢個盤好似幾筍喎，又啱你 Budget，入去問吓吖⋯⋯」

朋友：「間代理咁 Up Dup，會唔會呃人㗎？」

再仔細看看代理行，確實挺嚇人！

位於某舊樓的樓梯底，面積只有幾十呎，勉強容得下兩個人，沒有裝修，甚至有點污穢，朋友是新手，抗拒是正常的。

筆者：「人哋細間啲啫，唔可以咁歧視人嘅！」

朋友：「唔係哩⋯⋯我啲朋友話細行靠唔住㗎！」

筆者：「講真，如果佢呃人咁叻，就唔會咁 Up Dup 啦！」

很多朋友都有這個誤解，其實中伏與否，與代理行的規模大小沒有必然關係，所有代理行，都受到地產代理監管局的監管，都有嚴格的指引。無論大行還是細行，都有害群之馬，最重要是你的代理是否可靠，你對物業買賣是否有一定的認識。

無可否認，大行的培訓比較完善，亦比較有系統，支援比較充足，例如當你買樓議價，很多時候都會「落票」，如何保障自己呢？部份大行會有標準表格，紀錄相關資料，細行大多沒有，要靠你自己寫收據保障自己，往後章節再詳談。

　　至於細行，雖然培訓、支援比不上大行，然而亦有優勢。例如大部份上車族，資本不多，希望買細銀碼的物業，根據筆者過往經驗，細行在這方面的盤源比較多！

　　據一位在大行工作超過十年的朋友所說，原因之一，大行舖面大、人手多、營運成本高，自然需要更高的收入來維持，加上與發展商關係密切，很多時候同事都會比較傾向推銷新樓盤，其次是大屋苑、大買賣，賺到的佣金比較高，至於單幢樓、舊樓、細價樓，不是他們擅長的部份。細行舖面小、人手少、營運成本低，難與大行抗衡，因此較專注於二手、中低價物業。

　　原因之二，細行比較地區性的，很多在區內紮根多年，跟附近的街坊非常稔熟，有不少獨家盤源，大行都未必有。試想想，如果你手上有兩個 200 多萬的舊樓，不會旨望月入數十萬的大行金牌代理幫你積極推盤吧？相反細行本來就是做小買賣，你隨時成為 VIP，感覺更實在。上車買樓抹殺細行？中伏了！

上車買樓……要找多少間代理？

有次朋友到一個舊區睇樓，挑了其中一間細代理行。

代理：「呢區你淨係搵我哋得啦，唔使搵第二間。」

朋友：「會唔會有啲盤你哋冇㗎？」

代理：「梗係唔會啦，隔離左右間間都識，聯晒網㗎！」

朋友：「即是附近幾間代理行啲盤你都有？」

代理：「你過嚟睇，我哋都用呢套電腦系統㗎，梗齊啦！」

朋友：「咁我唔周圍走啦，你幫我搵啦！」

是的，正如前文所說，由於細代理行資源不足，難以跟大行抗衡，很多時候都會互相聯繫，所謂「合作盤」，例如代理行 A 提供盤源，代理行 B 提供客源，事成之後佣金五五分賬，又或者代理行 A 收業主佣金，代理行 B 收買家佣金，所謂「各收」。

然而是否所有盤源都有齊呢？

無可否認，很多盤源是大家都是互相知道的，然而總會有些盤源是沒有公開的，尤其是一些比市價使宜的筍盤！試想想，如果你手上有個超級筍盤，筍到自己都想買，你很有信心賣出，甚至心目中已經有幾位相熟投資者會有興趣買，你會拿出來跟其他代理行合作嗎？會分一半佣金給別人嗎？

有一次筆者幫同學在紅磡區買了一個細單位上車，當時銀行估價 410 萬，我們 330 萬就買到！同學開心到幾晚睡不著覺！這個盤……業主根本就沒有放

出市場，怎麼找到呢？話說有一天，筆者與同學路過紅磡，順道探望相熟代理。朋友抱怨等了很久，仍未等到心水樓盤，即將要結婚，非常焦急。代理忽然想起，十年前幫一位老街坊買入一個單位，正是我們想要的那座大廈，高層、背山面海，幾天前代理碰見老街坊，提過想搬，於是就冒昧致電給他，問他有沒有興趣賣樓，雙方一拍即合！

這些情況筆者已經還過好幾次了，尤其是細代理行，紮根地區多年，總會有很多相熟的業主、租客、投資者，每間代理行，都會有些「枱底筍盤」沒拿出來。如果你躲懶不多間幾間，隨時會錯失又住又賺的上車機會，還不是中伏？

你是用家？……買不到筍盤很正常！

讀者來信

　　Anthony Sir、Ann 姐你們好，看你的網誌已經有一段時間，得知你和戰友最近又買到筍盤，非常羨慕。我都有跟女友出去睇樓，走了好幾天，都沒有遇到筍盤，難道我的運氣就是這樣差嗎？試過走進一些代理行，問他們有沒有劈價筍盤，他們都懶懶閒的，說句沒有就打發我走了，我又囑咐他們有筍盤記得要通知我，最後一個電話都沒有！我已經跟他們說，即將結婚要買樓自住，很實在的，為甚麼總覺得他們不想理我呢？

回覆讀者來信

　　你不是運氣差，只是不夠勤力而已。

　　買筍盤是靠運氣的嗎？的確有小部份人很幸運，第一次買樓就賺翻天，不過這是極少極少數，絕大部份的投資者，都是非常勤力的；舉例說 2015 年下旬筆者買的其中一個單位，低銀行估價 80 萬，低市價逾 20%，其實這個盤已經等了兩、三個月，鎖定目標大廈之後，筆者不斷找附近的代理搵盤、睇樓、還價，單就這幢大廈，睇過逾 20 個單位，買賣盤又睇，租盤又睇，為求對不同圖則、景觀瞭如指掌，落票、還價、撕票試過 7、8 次，可謂有血有汗，你只睇了幾天，買不到筍盤很正常啊！

其次，除了勤力，與代理的溝通技巧亦很重要。

最中伏的地方，還是太坦白，告訴代理是新手用家。

對於代理來說，最重要是能夠促成交易，賺到佣金，市場上有很多炒家、投資者，他們就跟筆者一樣，對很多物業的條件、前景等等都已經瞭如指掌，代理報單位、報價錢，他們就能知道是否筍盤，只要價錢吸引，即睇即買，10分鐘就可以決定。

相反，如果你是用家，那就麻煩了。

筆者有位朋友，花了半年時間，不同地區，不同單位，睇過近百個，最後還是買不到。個個單位都「驗屍咁驗」，其中有個單位睇到七七八八，又說要等母親大人星期六睇多次，又要求代理減佣，為甚麼代理還要幫你呢？最後星期五晚被投資者即睇即買截糊。你囑咐代理有筍盤通知你，然而在代理心目中，你只是新手，就算筍⋯⋯你都未必知道！睇樓時仍然「左彈右彈」，睇完之後又要「左諗右諗」，何必花時間呢？雖說樓價下跌，但大劈價的筍盤不多，很多相熟投資者等著要，為甚麼要通知你？

成功買到筍盤？別心急分享！

有次，朋友透過代理 A，買到九龍灣「得寶花園」某筍盤。

其他代理並不知情，繼續致電給朋友跟進。

代理：「陳生，你咪話想買得寶嘅？我收到個筍盤喎！」

朋友：「唔使啦！我買咗啦！」

代理：「係咩？恭喜晒喎！買咗邊個單位呀？」

朋友：「咪買咗 X 座 XX 樓 X 室囉！」

代理：「嗰個單位好靚喎，買咗幾錢呀？」

朋友：「買咗 XXX 萬之嘛！」

代理：「價錢好筍喎，恭喜晒呀！第日有咩幫手話我知。」

過了大約一星期，朋友收到律師樓的電話。

律師：「陳生，啱啱收到業主律師樓通知，個單位唔賣啦！」

朋友：「吓？唔賣？點得㗎？」

律師：「根據臨時買賣合約，只要賠訂、賠佣就可以唔賣。」

朋友：「我落咗 10 萬蚊細訂咋，但係個盤平咗 50 萬喎！」

律師：「冇辦法，除非簽咗正式買賣合約……」

後來朋友從其他途徑得知，原來是代理 B 截糊！

他找到另一個買家，願意加 25 萬買這個盤，扣除賠款及佣金還有著數，於是就情願賠訂賠佣，取消交易！

遇到開心事，第一時間做甚麼？ Post Facebook ？

日常事情還可以，如果你買到筍盤，可不要心急分享你的喜悅，尤其是當你只簽了臨時買賣合約，仍然未簽正式買賣合約的時候，尤其是其他代理問你，更加要小心，不要透露太多。因為根據臨時買賣合約條款，無論買家或賣家悔約，只需要賠償訂金及雙方代理佣金即可。例如樓價是 350 萬，臨時訂金是 10 萬，賠償額就是：10 萬 ＋ 3.5 萬 ＋ 3.5 萬 ＝ 17 萬。

試想想，如果你的買入價比市價便宜很多，業主肯定會不高興；舉例說你買平了 50 萬，有買家願意多付 25 萬，作為業主，如果反悔的話只需要賠 17 萬，即是仍然可以賺多 8 萬，何樂而不為呢？因此在簽訂正式買賣合約前，盡可能不要透露太多，以免其他代理找業主抬價截擊。

代理報價可信嗎？個個代理都揸價？

這單位值多少錢？同一個代理，都會有不同答案。

假設物業市值 400 萬元，代理怎麼說？

即使同一個單位，不同對像，代理都有不同做法，小心中伏！

如果你是業主……

業主：「我想賣這個單位，大約可賣多少錢？」

代理：「最近成咗個低層，同你個單位差唔多，約 360 萬。」

業主：「但係我呢個單位係中層喎！」

代理：「或者可以賣貴 10 萬嘅！」

業主：「咁少？最近個市唔係好番啲咩？」

代理：「邊係吖，新樓就係，二手成交真係好差……」

如果你是買家……

買家：「我想買個類似單位，大約幾錢入場？」

代理：「最近成咗個高層，同你要求的差唔多，約 440 萬。」

買家：「但係我唔使要咁高，中層就夠啦！」

代理：「咁或者可以平 10 萬左右嘅！」

業主：「咁少？最近個市唔係好差咩？」

代理：「邊係吖，呢區啲業主不知幾硬淨，冇乜盤放……」

為甚麼會有這種情況？其實是預期心理學⋯⋯

上述例子，如果業主相信代理的分析，就會預期自己的單位可以賣到 370 萬元。如果買家相信代理的分析，就會預期自己可以用 430 萬元買到質素相若的單位。每個業主都會想賣貴一點，每個買家都會想買平一點，只要代理在議價過程中，中間落墨；例如 400 萬，對業主來說，比預期賣貴了 30 萬，當然高興。對買家來說，比預期買平了 30 萬，當然興奮。雙方順利成交，代理佣金自然袋袋平安，這個買賣技巧稱之為「揸價」。

以二手樓來說，其實每個單位的條件都不同。

有高層、有低層、有靚裝、有殘裝⋯⋯有不同的成交價，有貴的，也有便宜的，選擇那一個成交報告，視乎策略而定。情況有點像傳媒報導，去年爭相報導升市，就會挑選一些創新高個案；今年爭相報導跌市，就會挑一些大劈價個案。對代理來說，樓價是升還是跌，對他們沒有意義，最重要的是促成交易，這個單位值多少錢？代理評估只能作參考，最重要還是客觀分析。

有相熟代理嗎？可以減佣金嗎？

朋友：「有冇相熟地產代理介紹呀？」

筆者：「邊區呀？」

朋友：「東九龍……」

筆者：「當然有啦！」

朋友：「話係你介紹，佣金有冇得收平啲呀，半價得唔得？」

筆者：「梗係唔得啦！」

朋友：「又話熟？半價都唔得……」

筆者：「相熟代理唔係咁用㗎，咁樣諗嘢，邊有發達㗎？」

地產代理是靠佣金吃飯的！

　　將心比己，如果有一天，老闆走過來問你：「同你合作咗咁耐，都幾開心吖，以後出糧可唔可以出一半呀？」聽到這句說話你會有甚麼反應呢？你還會用心工作嗎？說不定馬上就上網搵工了，大家都是打工仔，你懂的！減一半佣金，還會用心幫你夫筍盤嗎？如果代理手上有一個筍盤，幾個買家都想要，你猜他會不會給你呢？說實話，佣金慳……得幾多？假設你買 300 萬元樓，佣金 1%，3 萬元而已，減一半佣節省 1.5 萬元而已，落力些少幫你講價，講多 5 萬、10 萬，豈不是賺得更多？如果你要減佣，代理還會落力幫你講價嗎？

曾經遇過這樣一個故事

朋友：「好開心呀！昨天買到樓，而且仲好筍添！」

筆者：「係？買咗咩呀？」

朋友：「元朗 XX 花園，400 呎，380 萬咋！」

筆者：「你覺得佢點筍法呢？」

朋友：「代理竟然話唔收我佣呀，慳番 3 萬幾蚊呀！」

筆者心底一涼，代理不收佣金？大件事！中伏了！

　　正如前文所說，你上班會不支薪嗎？代理不收佣金，通常只有兩個情況，其一，是議價到最後階段，仍然差少少，買賣雙方爭持不下，唯有主動減佣求促成交易，朋友是新手，應該不太懂得議價。其二，是業主付了雙倍，甚至更高佣金，推動代理幫他們出貨；例如有些發展商的佣金，高達 5% 以上，所謂羊毛出自羊身上，樓價當然會比一般貴。後來筆者上網查閱近期成交，再向元朗區的戰友打探軍情，估計朋友最少買貴 20 萬！相信是業主加了佣金，幫他賣個好價錢，朋友接了火棒。

　　不過筆者沒有說出來，正所謂……唔買都買咗，無謂講啦！

簽約了！「臨時買賣合約」雖然只有兩頁，但到處陷阱！到了「正式買賣合約」反而沒有那麼大風險，因為你已經有律師幫你把關，簽「臨時買賣合約」時就只有你和地產代在，一不小心就很容易中伏，必須細心了解各項細節。

臨時買賣合約之嘛，唔啱可以改！

「臨時買賣合約之嘛，快快手手簽咗先啦，
有咩唔啱，到簽正式買賣合約嘅時候改番囉！」

　　可能因為有「臨時」這個字眼，很多朋友都會掉以輕心，以為這份合約只是臨時協議，是「未具有約束力」或「有需要可再更改」的合約，那就中伏了！其實當買賣雙方簽訂「臨時買賣合約」的時候，已決定一切重要條款，亦要負上法律責任，之後上律師樓簽的「正式買賣合約」，只是根據「臨時買賣合約」協議條款作詳細說明而已，未必能再作出修改！

簽「臨時買賣合約」更需要小心！

　　根據筆者過往經驗，簽「正式買賣合約」反而毋須太擔心，雖然很複雜、很厚、很深奧、看不懂，然而不要緊，因為已經到了律師樓的層面，只要找一位盡責的律師，他就會站在你的利益立場幫你把關。相反，簽「臨時買賣合約」的時候，通常只有你和代理、業主三方在場，如果不小心、不懂，代埋又半桶水，隨時寫錯、寫漏，如果代理站在業主一方就更麻煩，所以簽「臨時買賣合約」比簽「正式買賣合約」更加要打醒十二分精神！

中伏個案：談不攏……拒簽正式買賣合約！

　　話說有一次，朋友賣樓，簽臨時買賣合約前幾天，屋宇署發出一項大廈維修令，即是所謂的 Order，由於維修令仍然未註冊到田土廳，查冊看不到，再加上租客已經搬走，單位已經空置，業主很久沒有到單位視察，兩、三個星期沒有開過信箱，業主自己亦不知道有這個維修令，沒有寫在「臨時買賣合約」上。

買家律師得知這項維修令，乘機發難，要求原業主負責，還開天殺價，要求原業主在樓價扣減 20 萬元作為維修費用，原業主知道自己被屈，當然不願意，心想：「又唔係咩大工程，最多每戶挾 5 萬元！」兩路英雄各不相讓。轉眼 14 天過去，原定簽訂「正式買賣合約」當日，雙方仍然沒有共識，拒簽「正式買賣合約」，無可奈何以「臨時買賣合約」直接成交！至於維修令，為免對簿公堂，成交前幾天終於談妥，一人讓一步，原業主負責 10 萬元，以附加協議形式處理。

物業臨時買賣合約

立約日期	本合約訂於 _____
賣方	合約第一方為_____ 持有香港身份証 / 商業登記証號碼:_____ 地址在 _____ (以下稱 "賣方")
買方	合約第二方為_____ 持有香港身份証 / 商業登記証號碼: _____ 地址在 _____ (以下稱 "買方")
賣方代理	合約第三方為_____ 持有香港身份証 / 商業登記証號碼:_____ 地址在 _____ (以下稱 "代理甲")

合約各方茲同意買賣條款如下:-

物業	1. 買賣雙方通過代理，同意以下列條款出售及購入_____ _____ _____ (以下稱 "該物業")
成交價及付款方法	2. 該物業之成交價為港幣_____，買方須按下述方式付款予賣方 (a) 於簽訂本合約之同時即付臨時訂金港幣_____ (b) 於簽署正式買賣合約之時或以前，即_____加付訂金港幣_____
成交日期	(c) 再付訂金餘款於_____即港幣_____ (d) 於完成交易之時或以前，即_____在賣方之代表律師行付清樓 價餘款港幣_____
中間人託管	3. 買賣雙方同意買方所付之所有訂金，交由賣方之代表律師作為中間人託管，直至交易完成。
負擔或債項	4. 該物業是以免除所有負擔或債項之情況下售予買方、買方之提名人或其承讓人。 *
交吉	5. 買賣完成時，賣方須將該物業交吉予買方 / 買方同意連同該物業現有之租約一起購入該物業。
確認人	* 6. 賣方是以確認人身份售出該物業。
代表律師及厘印費	7. 買賣雙方同意分別委託其代表律師。 * 賣方代表律師為_____ 而買方代表律師為_____ 雙方各自負責其律師費；除第 7 條所規定外，厘印費則由買方單獨負責。
賣方悔約	8. 如賣方在收取訂金後，不依本合約之條款完成買賣，則賣方除須退還買方所付之訂金全數外，並須以同等數目之金額賠償予買方，另負責繳付本合約之厘印費。惟買方不得再向賣方追究任何責任，包括其他賠償或申請強制執行令。
買方違約	9. 如買方未能履行本合約之條款完成買賣，賣方除將買方已付之訂金沒收外，並有權將該物業再行出售予他人；買方須負責繳付本合約之厘印費。惟買方不得再為此向買方追究任何責任或要求任何賠償或申請強制執行令。

代理佣金	10. 基於代理甲及代理乙在促成該物業買賣中所提供之服務，代理甲有權向賣方收取港幣＿＿＿＿＿＿＿＿作為佣金；代理乙有權向買方收取港幣＿＿＿＿＿＿＿作為佣金。該等佣金須於簽署正式買賣合約之時或以前繳付。
代理之賠償	11. (a) 無論在任何情況下，若賣方或買方未能履行本合約之條款賣出或買入該物業，則悔約的一方須即時付予代理甲或／及代理乙合共港幣＿＿＿＿＿＿作為賠償甲乙代理之損失。甲乙代理於該筆賠償將按上述第 10 條中各自應得佣金之比例作出攤分。
	(b) 簽署本合約後如買賣雙方協議取消本合約，則買賣雙方將同時及分別成為本合約之悔約者，並仍須各自負責付予甲乙代理於上述第 10 條之應得佣金。
以現狀出售	12. 該物業是以現狀售予買方。
· 過往談判	13. 本合約取代三方過往所有之談判、聲稱、理解及協議。
動產	14. 本買賣包括附表內所列之動產、傢俬及裝設。
住宅／非住宅	* 15. 茲證明此項買賣之物業根據匯印法案第 117 章 29A(1)段之定義乃住宅／非住宅物業。
委任代理及代理間之關係	* 16. 茲聲明本合約之代理甲為賣方代理，代理乙為買方代理，代理甲與代理乙合作代理。
	*
責任	17. 如賣方或買方是有限公司而不依本合約之條款完成買賣，代表該有限公司簽署的人須付及承擔有關代理應收之所有佣金。
責任	18. 如本合約由賣方或買方的代理人或授權人簽署，則代理人或授權人須承擔本合約之所有責任。
備註	19. ＿＿＿＿＿＿＿＿＿＿＿＿＿＿＿＿＿＿＿＿＿＿＿＿＿＿＿＿＿
	＿＿＿＿＿＿＿＿＿＿＿＿＿＿＿＿＿＿＿＿＿＿＿＿＿＿＿＿＿
	＿＿＿＿＿＿＿＿＿＿＿＿＿＿＿＿＿＿＿＿＿＿＿＿＿＿＿＿＿
	＿＿＿＿＿＿＿＿＿＿＿＿＿＿＿＿＿＿＿＿＿＿＿＿＿＿＿＿＿

＿＿＿＿＿＿＿＿＿＿＿　　＿＿＿＿＿＿＿＿＿＿＿　　　　　　　　＿＿＿＿＿＿＿＿＿＿＿
賣方簽署接受　　　　　　代理蓋印及簽署接受　　　　　　　　　　買方簽署接受
姓名：　　　　　　　　　姓名：　　　　　　　　　　　　　　　　姓名：
身份証號碼：　　　　　　身份証號碼：　　　　　　　　　　　　　身份証號碼：

茲收到買方臨時訂金港幣＿＿＿＿＿＿＿＿＿＿＿＿　　　　賣方簽收：＿＿＿＿＿＿＿＿＿＿＿＿＿＿
支票號碼：＿＿＿＿＿＿＿銀行＿＿＿＿＿＿）　　　　　　姓名：
* 刪去不適用者　　　　　　　　　　　　　　　　　　　　　身份証號碼：

【賣方】業主都有假？業主無權賣樓？

「業主都有假？」「係！真係有假！」

「聯名業主有乜要注意？其中一個簽得唔得？」

「業主唔係一個人，而係一間公司，有乜要注意？」

填妥日期後，「臨時買賣合約」首項資料就是「賣方」。

根據地產代理監管局指引……

1. 賣方之姓名、地址及身分證明文件（通常為香港身份證號碼）必須列明，以正確地辦認賣方之身份。

2. 地產代理未安排賣方簽署臨時買賣合約前，須先出查冊，並查核賣方之香港身分證（或其他身份證明文件）是否與土地註冊處的記錄相符，以確保賣方是有關物業之註冊業主。

3. 若賣方是一間有限公司，則有限公司名稱、商業登記號碼及註冊地址亦必須列明。

簡單來說「賣方」資料以查冊為準，不可以有一個字，甚至一個字母的差別，例如查冊上業主是「Chan Tai Man, Peter」，就不能寫「Chan Tai Man」或「陳大文」，又例如查冊上的業主是「陳勝龍」，填上簡體字「陳胜龙」等，都會衍生很多不必要的麻煩，買家必須核對清楚。

姓名下方有「地址」一欄，很多代理都會貪方便不填。

如果可以請儘量填寫，律師解釋，如果你是告一個人，必須要找到他，將傳票交給他；如果沒有地址，將來萬一有訴訟，你到那裡去找他呢？幸好今次你是買家，之後會有買賣物業地址，尚可以到該地址找他，所以有時不會執得太緊。

如果業主是聯名……

例如是 A 與 B 聯名，兩人的姓名及身份證號碼都要填上，雖然 A 是業主，B 亦是業主，但不能代表對方，你可以視「A+B」為一個獨立的個體，只有其中一方不願意就不能賣，至於可否由其中一位業主代為簽約呢？可以！在最後簽名的部份再談。

如果業主不是一個人，而是一間公司……

公司亦是一個獨立個體，筆者其中一間公司，只有我一名股東，但我簽名不等於公司簽名，有蓋章與沒蓋章就是兩個業主！又例如，公司可以有很多股東，例如有 10 位股東，理論上 10 位都是業主，但誰有權賣樓呢？如果 A、B、C 三位股東讚成，D、E 兩位股東反對，怎麼辦呢？正常程序是要開股東大會，通過賣樓決議，並授權某董事或人士簽約，亦需要有一份會議紀錄。不過亦不難處理，首先「賣方」寫上公司名稱、公司登記證號碼、登記地址，訂金交給律師樓託管就可以。

【買方】先落訂，之後改名可以嗎？

中伏個案：改？……加 5 萬咪俾你改囉！

新手上車遇上古惑代理，當然冇運行！有次朋友跟代理睇完樓，心花怒放，像吃了迷藥似的，迷迷糊糊簽了「臨時買賣合約」，翌日清晨，清醒過後，赫然發現自己收入不足，難以通過壓力測試，於是想轉用男朋友的名義買，要求業主重新簽「臨時買賣合約」。

業主並非善男信女：「改？……加 5 萬咪俾你改囉！」

事實上業主沒有責任重新簽約，沒錢？先殺訂再談！

好的代理當然會盡力幫你勸服業主，可惜她遇上古惑代理，掉轉槍頭勸她撻訂、賠佣。當然了，佣金照收，還可以幫業主再賣多次，賺多次佣，跟你很熟嗎？為甚麼要幫你呢？朋友屈指一算，賠細訂、雙邊佣金，加起來超過 20 萬元，心有不甘，於是就硬著頭皮，以自己名義買，男朋友做擔保人，經此一役，消耗了男朋友的貸款額，削弱購買力，兩小口子為此吵過幾次，幸好到今天仍然未分手，不然不知怎麼辦了。

填妥「賣方」資料後，就要填「買方」資料。

要非常小心！填自己的資料，當然不會填錯，最易中伏的地方是事前沒有好好想清楚，沒有計清楚，最後發現自己不夠錢，或者不夠入息借按揭，想改家人或朋友名，改不了！

以前我們買樓是可以改的！

　　這種做法稱為「提名」（nomination），筆者試過很多次了，有時出去睇樓，遇上超筍盤，二話不說就會先落訂，然後再考慮由誰去買。做法是在「買方」一欄填上「（自己名字）或提名人」，在簽正式買賣合約前，通知律師改由誰買就可以；例如筆者試過好幾次，先由我自己落訂簽臨約，然後改為弟弟買。

後來政府推出 SSD，就不能再做提名了！

　　SSD 的精神是絕殺短炒，三年內轉售物業需要繳交額外印花稅，如果每個買家都做提名，豈非 14 日內可以短炒摸貨？於是將「提名」定性為「轉售」，同樣要交額外印花稅，不但不可以轉名，甚至加名都不接受！除非是直系親屬，包括父母、子女或配偶，可以申請豁免。

【1*物業】買 A 單位變了 B 單位？

「物業」資料與「賣方」資料一樣，同樣以查冊為準。

物業的地址有很多種不同的寫法，打開信箱，看看寄給你的信件就知道，例如滙豐寄給你的信件寫「幸福道 100~120 號」，中銀寄給你的信件可以是「幸福道 110 號」，反正資料是你自己填的，能寄到你家就可以，大不了寄失。然而物業買賣是重要的交易，最好不要出錯，如果有附加面積，例如物業連天台、連平台、連花園、連車位等等更要清楚說明。

最過份的是試過有個案，睇樓是 18 樓 C 座，簽臨約的時候，代理竟然填錯 18 樓 D 座，後來業主反悔，交易取消，買方無從追究。在工商舖市場，單位間格改動可以非常誇張，我們買賣的時候更份外小心，甚麼會出一份平面圖（Floor Plan），並在買賣單位上塗上顏色，以免出錯，將來在進階課題再分享。

【2a* 付款】細訂⋯⋯應付多少？有何陷阱？

　　填妥「物業」資料後，就到「成交價及付款方法」，當中包括幾個部份，先講「細訂」，意思是簽「臨時買賣合約」時，繳付的「臨時訂金」，不少上車朋友問，「細訂」應該付多少？

沒有明文規定「細訂」要付多少，由買賣雙方協商。

　　一般「細訂」是樓價的 3 至 5%，如果樓價 300 萬，「細訂」大約是 9 至 15 萬元。考慮付多少「細訂」，最主要考慮因素是你有多想買這個物業。在「臨時買賣合約」階段，任何一方如果悔約，只需要賠償訂金及買賣雙方的應付佣金。

舉例：樓價 350 萬元，細訂 15 萬元⋯⋯

　　◇ 細訂：15 萬元

　　◇ 佣金：買家 3.5 萬元 + 業主 3.5 萬元

　　◇ 合共：22 萬元

　　如果你對物業信心不大，覺得自己有機會撻訂，就應該少付一點，例如 3、5 萬，就算後悔要賠，都儘量賠少一點。如果你對物業很有信心，擔心業主反悔，自然多付一點，如 15 萬、20 萬，然而一般不會超過樓價的 10%。

> * 請參照 P.116-117「物業臨時買賣合約」上的對應條款。

中伏個案：彈票當撻訂！

代理：「陳生，你噚日落訂張票彈咗喎！」

朋友：「彈咗？冇理由喋，我銀行戶口有錢喋！」

代理：「會唔會响儲蓄戶口未過數呀？」

朋友：「哎呀！係喎，即刻轉數，轉頭攞過張票過嚟！」

代理：「業主話你玩嘢，要出律師信殺你訂呀！」

朋友：「我唔記得轉數咋喎！」

代理：「規矩係彈票當撻訂㗎嘛！」

朋友：「你幫我求吓情啦……」

　　最後代理花了九牛二虎之力，才說服業主收票，多數人都會有這種情況，將資金放在儲蓄戶口，有需要才轉數到支票戶口；記住！成功買樓，簽訂買賣合約之後，別要只顧慶祝，第一件事要做的，是 Check 數！ Check 支票戶口是否有足夠存款；因為物業買賣，彈票等同於悔約，業主有權殺訂！

【2b* 付款】大訂……應付多少？ 有何陷阱？

簽訂「臨時買賣合約」付了「細訂」之後，一般在 14 日內就要到律師樓簽訂「正式買賣合約」及付「大訂」了。

細訂 + 大訂 = 樓價 10%

例：樓價 300 萬，細訂 10 萬，大訂就是 20 萬。

中伏個案：悔約豈止賠訂、賠佣？

簽訂「正式買賣合約」後，理論上等同於「必買必賣」，任何一方悔約，除了殺訂及賠償雙方代理佣金，對方還可以追討損失。例如你買入一個單位，樓價 350 萬，簽訂「正式買賣合約」之後悔約，業主重售單位，只能賣到 330 萬元，業主還可以追討 20 萬差價，總數如下：

◇ 訂金：35 萬元

◇ 佣金：買家 3.5 萬元 + 業主 3.5 萬元 = 7 萬元

◇ 差價：350 萬元 - 320 萬元 = 20 萬元

◇ 合共：62 萬元

＊請參照 P.116-117「物業臨時買賣合約」上的對應條款。

【2d* 付款】餘數……成交日期危機四伏？

如果沒有特別提出，代理及業主多數想你儘快成交。

多年前筆者仍未熟悉樓宇買賣的運作，有次買入一個單位，代理將成交日期定為 35 日後，險些中伏！

律師：「鍾生，乜咁 Tight 呀？」

筆者：「有個幾月時間喎！」

律師：「但係你份約係早兩日簽㗎喎，得番 33 日。」

筆者：「唔夠時間咩？」

律師：「好吱囉，唔夠 30 日好多律師樓唔做㗎！」

筆者：「咁大鑊？點解呢？」

律師解釋，這是為了保障客戶利益。

由於每項買賣都要在簽臨約後 30 日內註冊，舉例你 5 月 1 日簽臨約，原來業主 4 月 30 日又跟另一個買家簽臨約，最遲 5 月 30 日就會在查冊上見到，如果不足 30 日，例如成交期定於 5 月 20 日，那有機會看不到，由於別人先簽，有優先權，你那份約就作廢！只要超過 30 天，只要在這 30 天內沒有新的註用，就可以肯定你是最先簽約的，沒有被騙了。

所以一般代理都會建議 45 天成交期。

然而根據筆者的經驗,如果你要申請高成數按揭,基本上 45 天肯定不夠,最好有 60 天至 90 天的成交期!

最近按揭保險公司的確嚴謹很多;首先,要求文件多,經常會要補交文件。此外,問題亦很多,正如前文所述,試過有朋友買入一幢 30 多年樓,適逢大廈維修,按揭保險公司看見查冊上有維修令,竟然懷疑樓宇結構有問題,要求朋友提供維修令的詳情,業主立案法團是否已經進行處理,工程甚麼時候完成,業主是否已經挾錢等,差點趕不及批核,朋友嚇得半死!又試過有朋友跳槽,公司規模大了,職位高了,工作多了,人工亦倍升。負責審批的同事竟然回覆,不相信短短一年內,朋友的人工可以高一倍,要朋友提交很多額外證明,朋友給氣死了!

注意!成交期絕對不可以是星期六、日或公眾假期!

因為成交當日你需要銀行為你繳付餘數,當日銀行沒有開門,怎麼幫你結數呢?筆者甚至是假期後一天都會避免,因為怕銀行累積工作多,耽誤了筆者的成交,那就要找財仔了!

＊請參照 P.116-117「物業臨時買賣合約」上的對應條款。

【3* 託管人】甚麼時候需要託管人？

正如前文所說，如果交易出現一些不尋常情況，或你不懂得如何處理的，最好的方法就是將訂金交給律師樓託管。

例如之前提到，賣方不是一個人，是一間公司，筆者都會將訂金交予律師樓託管，因為我沒辦法即時知道，賣方是不是有權去買這個物業。又例如你看見對方的買入價非常高，甚至比現時的市價高兩、三成，代表物業有可能是負資產，資不抵債，為了保障自己，你都可以要求將訂金託管於律師樓。

【5* 交吉】售後租回幾個月？小心！

細心核對清楚這一欄，正如前文所說，只有交吉物業才可以申請高成數按揭，假如物業連租約出售，最多只可以借五成。

例如業主要求，他們仍然未找到地方搬，希望順利成交；你收樓之後，可以反過來租給他們三個月，讓他們有足夠時間出去找地方搬。這種情況我們稱之為「售後租回」，表面上看似簡單，賣個人情也沒所謂，實際上這代表你買的時候，不是交吉物業，而是連同一份三個月的租約，你收樓時，對方亦明顯不是交吉，裡面的傢俬、電器還沒有搬走，只能借五成按揭。

【8/9* 悔約 / 違約】刪除⋯⋯
就等同於必買必賣！

相信大家經常聽見「必買必賣」，一般的理解是，買方必須要買，賣方必須要賣，雙方不能反悔。筆者見過好幾次，一些代理在「臨時買賣合約」上，隨便找個空白處像寫揮春一樣，大大雙字寫着：「本合約必買必賣！」但卻沒刪除這部份。

這部份清楚列明，簽訂「臨時買賣合約」後，賣方及買方若悔約，會有甚麼責任，正如前文所說，主要是賠償「細訂」及負責買賣雙方的佣金，前文已計過，不多提了。所謂「必買必賣」其實是跟這部份的條款互相衝突的，不應共存。相反只要代理將這部份刪除，其實就等同於「必買必賣」了。

又有人討論過，實際上有沒有「必買必賣」呢？

筆者跟不同律師交流過，不約而同認為這只是坊間買賣物業的時候所用的一個名詞而已，實際操作上很難做到必定要買或必定要賣；例如買家確實沒有錢，怎麼必買呢？又例如賣家寧死也不肯簽名，怎麼必賣呢？只不過是到了最後階段，如果要悔約，除了賠償訂金、雙方代理佣金之外，對方還可以追討損失。例如業主悔約，你買不到這個物業，要多付 20 萬才買到類近物業，可以向業主追討這 20 萬的差價，當然要經過訴訟。

＊請參照 P.116-117「物業臨時買賣合約」上的對應條款。

【10* 佣金】處理不當隨時誤墮法網！

前文提到，不要跟代理討價還價，例如要他們折半收佣等，否則他們還有何動力去為你找筍盤呢？同時又提到市場上有很多炒家、投資者或發展商，不但沒有減佣，反而會加佣，鼓勵代理儘快幫他們出貨，賣個好價錢。說實話，如果買家要求多多，還要扣減佣金，相反業主出手闊綽，給予雙倍佣金，正常情況下代理都會多站在業主的一方。

有朋友問：「咁可唔可以加佣，鼓勵代理幫手搵筍盤？」

必須小心處理！隨時觸犯防止賄賂條例！

根據律師的意見，為了保障雙方在公平情況下進行交易，無論你是多付佣金，或是少付佣金，都需要向對方披露。最好的方法是在「臨時買賣合約」這一欄上，寫上雙方繳付的佣金，然後大家簽名作實；如果對方知道你付佣金比較多，仍然願意跟你交易，例如我們都知道發展商賣樓會給高佣，仍然願意買，那就沒有問題。否則，可能觸犯刑事罪行！

【12* 現狀】你睇樓嗰陣都係咁㗎啦！

讀者來信

Ann 姐、Anthony Sir 你好，看你的 Blog 已經有一段時間了，聽你說現在是殺價時機，所以兩個月前在荃灣買了一個上車盤，真的便宜了很多，同類單位高峰期叫價近 400 萬，個個業主都不肯減價，現在 300 多萬就已經有交易了，過幾天收鎖匙，代理說收鎖匙前兩天要安排一次驗樓，初初看這個單位覺得沒有甚麼問題，但又怕收樓後有很多手尾，請問有甚麼要注意呢？

by Palo

回覆讀者來信

首先恭喜你！一來一回相差幾十萬，近一年人工了！

關於你提到的問題，收樓前驗樓要注意甚麼？

抱歉，老實告訴你，已經太遲了！

簽訂臨時買賣合約，有一條「現狀交易」條款，所謂現狀交易，意思就是根據你睇樓時的現況交易。二手樓不同於新樓，沒有發展商保修，只能根據現況買賣；如果你睇樓時，廁所是漏水的，那麼收樓時廁所也應該是漏水的。相信你簽臨時時應該沒有詳列有甚麼物品，更不會每項細節拍照簽署吧！因此驗收的時候，無論你驗得多仔細，只要業主說一句：「睇樓嗰陣都係咁㗎啦，你有睇清楚㗎咩？」就已經口同鼻拗，難以追究。

> ＊請參照 P.116-117「物業臨時買賣合約」上的對應條款。

收樓前驗樓，其實意義是看看有沒有嚴重變動……

例如睇樓時有三間房，忽然變了一間房；又例如單位被水浸過，成個地板爛晒等等明顯，買家可以向業主提出，不過仍然未必可以取消交易；因為這些變動並不影響業權，多數只能出在樓價上作出調整，例如扣減五萬作為善後工程等。

所以如果你擔心物業質素，最重要是簽臨約前睇清楚！

現在市況很靜，競爭不會太激烈，看上一個物業後，大可以在簽臨約前多睇一次，把握這次機會睇清楚，部份你認為重要的要拍照，註明在臨約上，否則難以追究。甚麼情況下可以取消交易呢？筆者試過買個單位，明明有僭建維修令，簽臨約時業主堅持沒有，後來律師發現，告知筆者僭建不受現狀交易條款規範，可取消交易或扣減樓價。有點旁門左道，不詳談了。

【13* 取代談判】物業買賣，必須白紙黑字！

「業主答應會附送全屋傢俬，點解乜都搬走晒？」

「代理答應會收我半個佣，點解冇咗件事？」

經常有網友問類似問題，「臨時買賣合約」有寫嗎？

沒有寫？講個信字？！Sorry，你又中伏啦！

根據香港法例規定，物業買賣必須白紙黑字，口講無憑，所有交易條款都必須寫在「臨時買賣合約」上，然後律師會根據買賣雙方協議，將有關條款寫在「正式買賣合約」上，簽名作實！無論對方如何誠懇，如何誓神劈願，只要沒有白紙黑字，將來業主、代理講咗唔算數，你都咬佢唔入！

那怕對方口頭上確實有答應過都沒有用，「臨時買賣合約」上有這項條款，「本合約取代三方過往所有談判、聲稱、理解及協議」或類似條款，既然取代了，即是之前的口頭承諾亦會一筆勾銷！由於有關物業的責任，均由當時的業主負責；例如原業主口頭答應負責大廈維修費，但沒有寫在「臨時買賣合約」上，最後反口，新業主亦即是你，就要負責。

＊請參照 P.116-117「物業臨時買賣合約」上的對應條款。

【19*備註】修訂內容的最後機會！

　　每個單位都有自己的情況，這幾行空間非常重要，所有需要附加的條款，補充的協議都要寫在這裡，正如前文所說，物業買賣必須要白紙黑字，口講無憑。如果這幾行不夠用的話，可以隨時加多一兩張紙的，寫清楚是本臨時買賣合約附件就可以。

最常見的是連單位買入的傢俬、電器清單。

　　例如全屋入牆傢俬、電器，冷氣機X部、煮食爐X部、抽油煙機1部等等，正如前文所說，如果你覺得某些物品是重要的，最好拍照及雙方簽名，否則，用平價電器換走你的名牌電器，又或者用二手平價傢俬，換走你的名牌傢俬，也無可奈何。

另外最常見的有大廈或單位的維修責任。

　　例如「業主負責10萬元大廈維修費用，如在完成交易時仍未需要繳付款項，成交當日將會在樓價中扣減10萬元，直接交予買家」等。附加條款千奇百怪，有些要特別小心，例如之前提到業主要求加入「買家得知單位間格曾經作出改動，買家不會因此取消交易或扣減樓價」等，或會令銀行聯想到有僭建，不願借錢給你，這些條款要特別小心。

> ＊請參照P.116-117「物業臨時買賣合約」上的對應條款。

【簽署】代簽名可以嗎？

（聯名業主）「老婆唔响香港，我代簽得啦！」

（公司業主）「冇帶公司印，我係董事，我代簽得啦！」

到了最後的簽名部份，經常會出事！

中伏個案：老公簽了，老婆不肯簽！

有次同學洽購一個單位，正是由兩夫婦聯名持有。所有談判非常順利，老公簽了名，然而正如前文所說，聯名的夫婦就是一個個體，必須要兩個簽名，合約才生效，如果只有一個簽名，其實這份合約仍未生效。於是代理就拿著合約，立即到老婆工作的地方找她，誰知老婆不肯簽名，交易煞停！

這個情況是，老公是可以代簽的。

只需要在簽名的時候候，註明「XXX 現在替 YYY 簽名，並願意負責有關的法律責任。」到時如果老婆反口，買家大可以拿著這張合約，向老公追討損失，如果沒有註明，則難以追究。

買方亦是一樣，可以你可以代你家人先簽名及落訂，不過買方姓名就填上家人的資料，簽妥之後就不能轉名。

【支票】抬頭應寫業主還是律師樓？

中伏個案：冇聯名戶口，寫我名先啦！

　　以往一般都是寫業主姓名，聯名就寫齊所有業主名，公司名就寫公司；如前文所說，跟查冊最穩陣，否則很容易出事！最近因為假業主多，很多時候都會要求寫律師樓，其實有任何懷疑寫律師樓就最穩妥，由律師幫你把關。

　　筆者試過有一次簽租約，兩個業主聯名持有。正常情況下開票當然是開A+B，誰知業主A跟我說，她們沒有聯名戶口，叫我直接開給A，明顯這是一個中伏位！試想想合約又是A簽，錢又是A收，如果B突然走出來說：「我冇答應過要租出去嘅，況且我又一毫子都冇收過，唔租啦！」

　　後來筆者按照律師指示，要求對方準備一份授權書，由B授權A代為簽租約，及以A的名義收取租金，然後再加上A替B簽名，並願意負責有關的法律責任。幾項Terms加在一起，買賣比較簡單，直接開給對方律師樓託管就可以了。

殺價及投降
減價中伏篇

議價是一門藝術，也是一門科學。

不是單單動之以情，死纏爛打，還需要有好的技巧，

客觀有力的數據分析，這篇分享一些常見陷阱，

更多技巧在活動分享。

買樓殺價！唔「落票」點殺？

代理：「有筍盤，開價 320 萬，低水一成！」

客人：「正嗝！有冇得再講平啲？」

代理：「當然有啦，開價之嘛，有興趣就落票試吓！」

客人：「吓？！而家俾票？過咗我數咪死⋯⋯」

代理：「XYZ #@% ！」

殺價其中一招殺著⋯⋯落票！

除非你跟代理非常熟悉，很有默契，否則若不落票，事實上是很難殺價的，代理殺價都需要有武器，支票就像一把尖刀，代表客人很實在，有支票，講句說話都比人大聲。

業主心底話：「個個經紀都走嚟傾十萬、廿萬，點知佢堅定流？如果佢根本冇客，只係想試吓我底價呢？如果我話可以平廿萬，下次佢攞住 300 萬個價同我傾，又話有客問 290 萬得唔得，咁殺落去，殺到幾時？送層樓俾你好唔好？睇你都傻！」

代理心底話：「個個客都叫我幫佢殺價，家陣好熟呀？如果我傾到牙血都出埋，傾到幾十萬，到時你唔買，我咪嘔血？最慘係俾隔離 Team 個同事知道可以做呢個價，佢搵到個熟客買咗，咪仲嘔血？傾就我傾，生意就佢做，我真係冇咁笨囉！」

對於投資者來說，試票還價平常到不得了；例如筆者去年買的一個旺角單位，單就試價失敗，撕票都撕了三、四張，然而沒有買過樓的朋友，一定會

非常猶豫，難聽點說，叫佢放低張票，好似叫佢去死咁！作為買家，點保障自己呢？

這也難怪，如果筆者沒有買開樓，都會驚！

萬一業主過咗數，又不簽約怎辦？或者我原本想 300 萬買這個單位，代理收了我的支票，然後答應業主 320 萬買又怎辦呢？然而如果不落票試價業主又不願意跟你談，如何是好？

其實只要在落票的時候，寫份簡單文件保障自己就可以。

一般大行都會有相關表格，如果身在細行，沒有相關文件亦沒所謂，很簡單，就拿一張白紙，寫幾行字都有效。筆者不是律師，也不是代理行，準確的文字可以跟你的代理斟酌。我習慣在支票副本的空白位置上寫，內容大致如下：

本支票是用作洽購（單位詳細地址）之用，上限價為（心水價），有效期至（一天或兩天）。

這幾項資料都是非常重要的，地址、價錢很多人都會寫，但很多時候會寫漏有效日期，洽談多久？談半年？談一年？寫好之後要求代理簽收，要有蓋印及簽名，你好好保存。一般情況下我會連同簽好的臨約一齊送過去以示誠意。

作為投資者，一定要懂得保障自己。

大廈維修費可大可小，誰負責？

朋友：「慘啦！啱啱搬咗入嚟，就話要做大維修啦！」

筆者：「咁黑仔？每戶要挾幾多錢？」

朋友：「每戶要挾 8 萬蚊呀！算唔算貴呢？」

筆者：「一般啦！睇新聞都知，有屋苑要挾十幾廿萬。」

朋友：「嘩！咁我都算平啦喎！」

筆者：「我舊年有兩個單位要挾，5、6 萬左右。」

朋友：「唉 ~~ 真係慘！」

筆者：「買樓嗰陣冇傾過叫業主負責咩？」

朋友：「就係冇留意囉！中伏啦！」

維修費是否越多單位越便宜？

大廈維修費可大可小，視乎工程包括甚麼？有沒有圍標等因素。不必太擔心，很多時候大維修都會令物業升值，有賺的！

不過如果遇上圍標，又唔識處理，確實又真係幾麻煩！

大廈維修及保養是業主責任，換句話說，是由業主夾錢去做，近年政府積極推動樓宇復修，會向業主提供資助，尤其是沒有經濟能力、較年長的業主，業主立案法團會安排業主申請。

既然由業主挾錢做，伙數越少，理論上攤分成本越高！

大廈的維修管理有一定的成本，有些單幢樓每層只有一伙、兩伙，平時的管理費已經比較貴了，更何況大維修呢？很多時候每伙都要挾十萬或以上，小業主的負擔可不小。

那麼伙數越多的大屋苑，是不是應該維修費越平呢？

理論上應該如此，筆者之前在港島西的幾個物業，都在一些逾千伙的舊式屋苑，平時的管理費已經特別平，一個近 400 呎的兩房單位每月管理費不到 500 元，然而大廈的立案法團仍然有大額盈餘，大維修時根本就不用挾錢。

然而最近不少圍標新聞，都是集中於有一定規模的屋苑。

所謂圍標，就是表面上做招標，看似公平公正，然而入標的都自己人，價錢早已抬到天咁高！單幢樓反而少見，可能因為數目不大，沒有肉食，相反大型屋苑的維修項目，動輒逾億元，大塊肥豬肉，誰受得住誘惑？

如果擔心維修費太貴，買舊樓時記得八卦八卦……

到大廈管理處的告示板上面看看業主立案法團的財務報表，看看有沒有盈餘？有沒有維修通告？如果有，每戶要挾幾多錢？幾時挾？業主挾咗未？買樓之後，多參與業主立案法團會議，有時間的話，自薦做委員，將來有維修就可以全程跟進。

至於大廈維修的費用，由誰負責呢？

無論是業主負責或是買家負責都可以，視乎合約怎樣寫。一般情況下，如果知道物業要做大維修，很多時候都會先談好，然後寫在臨時買賣合約上，應該要怎樣議價呢？

平 10 萬賣給你？中伏！

一般人的思維是，如果大維修要挾 10 萬元，那麼我就要業主平 10 萬；例如原本樓價是 350 萬，就要他賣 340 萬，那麼就可以補償我的損失了。中伏！原因是買樓只需要付首期，然而維修費是要全數支付的！以上述單位為例，假如你做 9 成按揭：

◇ 樓價 350 萬，需付首期 35 萬；

◇ 如果業主平 10 萬賣給你，首期就是 34 萬；

◇ 再加上 10 萬維修費，豈不是要付 44 萬？

◇ 44 萬 - 35 萬 = 多付 9 萬！

所以筆者建議不要減價，而是由業主負責這 10 萬元費用，如果成交當日仍然未需要繳付維修費，則業主將會把這 10 萬元交給買家，由買家接手處理，如是者首期仍然是 35 萬，另外有 10 萬元現金給你，待需要挾錢時，你就可以用這 10 萬元繳付，除非維修費像高鐵一樣大超支，否則你毋須多付分毫。

買已經維修了的大廈不是更好嗎？又中伏！

一般人的思維是，大廈維修要
挾很多錢，如果買入已經維修好的
物業，就不用挾這筆錢了。中伏！
大維修通常都會連同翻新工程一起
做，一幢幾十年的舊樓，甩皮甩骨，
做完大翻新，就像到韓國走了一趟
整了容，整幢大廈的價值亦會提高。
原本賣 300 萬的單位，可以賣 330
萬甚至更高，為甚麼不自己賺呢？

不過維修前買入物業，亦有代
價。大維修隨時要花一年半載時間，
這段時間全幢大廈會圍上圍網，沙塵
滾滾，而且會有很多工人出出入入，
大廈的居住環境會大打折扣，你得忍
受這一年，如果遇上圍標爛尾就拖得
更長。

業主蝕讓！抵買嗎？

朋友：「有筍盤呀！業主蝕讓呀！」

筆者：「點筍法呢？」

朋友：「業主 600 萬買入，而家賣 500 萬，慘蝕 100 萬呀！」

筆者：「同類單位而家做緊咩價呢？」

朋友：「唔知喎！」

筆者：「咁你點知佢抵呢？」

朋友：「600 萬買番嚟，500 萬賣俾你仲唔抵呀？」

筆者：「如果市值只係 480 萬呢？」

筆者也不懂得怎麼形容這種想法，是單純？還是黑心？

試過跟不同的朋友做過測試，大家都有同樣的想法。

筆者：「單位 A 業主 09 年以 80 萬買入，今天以 320 出售。」

朋友：「嘩！搞錯？！幾年時間賺我 4 倍？梗係唔抵啦！」

筆者：「單位 B 業主去年 350 萬買入，今天 320 萬出售。」

朋友：「賬面蝕 30 萬，計埋 SSD 咪蝕成 80 萬？抵買喎！」

其實兩個單位 A 與單位 B 是同一個單位，只不過是業主 A 在 2009 年樓市低潮期，以極低價買入這個單位，然後業主 B 在去年高位接貨，由於急於用錢，正在考慮是否蝕讓。為甚麼前者就不抵買？後者就是抵買呢？

一個物業是否抵買，不是與它的買入價比較。

如果有賺你錢就是不抵買，那麼一個樓齡 50 年的物業，一手業主用 5 萬元買回來，持貨至今出售，最少都幾百萬，升值近百倍，豈不是肯定不抵買？難道要業主賣 4 萬元？

抵買與否，應該與現時的市值比較，例如市值 350 萬，現在賣 320 萬元，這就是抵買。你亦可以評估三年之後，這個物業可以賣多少錢？如果能賺錢，例如可以賣 400 萬，這就是抵買。

記得好幾年前，筆者洽談一個特色單位，實用面積 300 多呎連一個近 300呎的天台。2008 年買入，當時樓價約 143 萬，由於天台有僭建屋，當時社會對僭建規管並不嚴格，於是繼續分開兩個租客，樓下單位收租 7,000 元，天台收租 4,000 元，回報高達 9%，二話不說就買來，筆者奇怪⋯⋯

筆者：「呢個單位咁筍，點解會冇人爭呢？」

代理：「好多人睇㗎，不過冇人肯買之嘛！」

筆者：「點解呢？點睇都賺梗喎！」

代理：「業主幾日前 120 萬買返嚟，摸一摸賺 23 萬！」

這個單位今年以近 460 萬賣出，賺了幾倍！

低過估價！抵買嗎？

朋友：「舊年幾個朋友去睇樓，有個朋友劈價好勁！」

筆者：「係？……講嚟聽吓！」

朋友：「有個單位劈到比銀行估價低 10，另外有個 20%！」

筆者：「勁喎！買咩類型的物業呢？」

朋友：「咪舊年炒到飛天嗰啲新界二線區嘅細價樓囉！」

筆者：「哎呀，跌咗唔止兩成喎！」

朋友：「係呀，朋友仲買咗個高層樓景，跌凸晒啦！」

筆者：「咁慘？！」

朋友：「係呀！諗諗吓……其實低過估價都未必抵買！」

筆者：「好似有發現喎！」

朋友：「朋友買嗰個單位，市場成交 390 萬，估到 420 萬！」

筆者：「成交價就是市價，低估價一成，只是市價而已。」

新手上車很多時會以銀行估價作為估值標準。

事實上，以同一個單位作比較，買入價低過估價，一定好過高過估價。最少當你買入物業，到銀行借按揭的時候，可以借得足，毋須憂慮要另外再籌錢補貼首期。

然而不同屋苑、不同單位有不同的特性，當你累積了一定的經驗，就會發現銀行估價亦有偏差，只能作參考。有時候低過估價未必抵買，估不到價亦有可能是寶藏！

銀行估價，主要是根據幾項指標，最重要的是該樓盤其他單位的最近成交，其次是附近質素相若的物業的最近成交，另外亦會考慮樓盤的質素、流通量、整體經濟及樓市表現，例如利率走勢、經濟變化等，還有銀行自己的商業策略。

看不明白吧！舉一些例子，甚麼情況下會有偏差呢？

樓層

例如該樓盤一個 10 樓單估值 500 萬，40 樓值多少錢呢？

用網上估價系統就會發現，每高一層就會貴 2、3 萬，到 40 樓或會貴 80 萬，旺市時相差更遠！然而是實際情況是否有那麼大的差距呢？例如有些情況，低層向馬路、後巷，高層就可以望穿附近的舊樓群，享有靚海景、山景，那當然值這個差價，然而有些情況，例如對面同樣有幾十層高的物業，無論 10 樓還是 40 樓都是樓望樓，有何分別呢？例如 10 樓單位近望園景，景觀比 40 樓還要好，買 40 樓或低過估價，因為買家覺得不值得貴 80 萬，買 10 樓或高過估價，因為有靚園景，有反映嗎？

單位質素

例如單位的景觀，亦未必會有反映。以筆者以前住過的一個港島西樓盤為例，18 樓 A 單位全海景，18 樓 B 單位樓景側望少海，實際買賣價可能相差數十萬，然而估價上沒有其麼分別。

又例如單位的內部裝修，更不可能會反映，同一個個位，估值是 300 萬就是 300 萬，那怕你的單位爛到似鬼屋，漏水漏到現鋼筋，還是宮廷式豪華裝修，包全屋名牌傢俬電器，估價同樣都是 300 萬，殘裝或低過估價，靚裝或高過估價，有反映嗎？

物業成交

物業成交是估價的重要參考數據，如果物業流通量高，例如上述朋友的例子，一些當炒的屋苑，在樓市暢旺的時候，銀行估價特別高，甚至會出現估價比成交價高出一截的情況。然而一些小屋苑、單幢樓，因為成交少，參考數據少，估價未必會緊貼市況更新，估價亦會明顯偏低。我們很多戰友都喜歡在舊區的小屋苑、單幢樓尋寶，正是因為經常出現估價嚴重偏低的情況，這是其中一種劈價的武器！不過新手上車要小心，第一，因為你們未必有足夠的經驗，評估一個單位是否被低估，第二，按揭不足的時候有機會要多付一筆首期。

物業前景

　　估價是相對客觀的數據，以成交及經濟數據等作參考，很多主觀的因素例如景觀、裝修等都不會考慮在內，例如筆者非常重視的「物業前景」更加抽象，更不會反映在估價中。自住與投資不同，自住最重要考慮自己的喜好與需要，只要住得開心，能力又可以負擔就好，價錢貴一點都值得。投資要考慮的因素完全不同，可不是自己住的，最重要租金回報、升值潛力。

　　過往筆者買的物業，例如 10 年前開始買西營盤站、8 年前開始買何文田站周邊，買的時候很多時候都會被朋友笑，例如居住環境差、舊樓多、地區人均收入低、沒有商場、交通不方便等，今天都以倍數跑贏大市！估價以現在的數據作參考，前景是將來發生的事，不是每個人都看得到、看得對，亦不會反映在估價上。正因如此，估價再次成為議價的利害武器。

劈價兩成，值得買嗎？

朋友：「還價應該還幾多呢？」

筆者：「好難一概而論，視乎業主開價而定。」

朋友：「仲以為係唔係都劈佢兩成添，哈哈！」

筆者：「係咪劈兩成就買先？」

朋友：「劈兩成喎！平咗咁多梗係買啦！」

筆者：「咁 Mark 高三成賣俾你咪得囉，哈哈！」

劈價，有時候只是一個銷售技巧。

如果全世界人都習慣劈價兩成，很簡單，做業主的就會將價錢調高三成，然後讓你開開心心的劈價兩成去買，最後還是買貴一成，如果大家試過在羅湖商業城購物，應該明白！這個包包劈價五成買到？很高興吧！原來淘寶比你要平一半呢！

很多朋友問這個問題……還價應該還幾多？

還價多少，應該看業主開價是否合理，例如 2015 年樓價高企，很多業主賣樓都會開出天價，比市價高出一、兩成，再加上樓價有機會下跌，還價兩、三成是平常事。又例如 2016 年樓價下跌，很多業主開價已經貼市價，甚至比市價低一、兩成，還要劈價兩成嗎？慢慢劈吧！市場上願意大劈價的業主不多，這個世界不只你想買筍盤，轉眼就會被人搶去！

劈價最緊要夠狠？

代理：「今日撞到個傻佬！」

筆者：「點傻法？」

代理：「你個盤咪放緊 480 萬嘅。」

筆者：「係吖，佢還幾多？」

代理：「佢問 300 萬得唔得！」

筆者：「哦⋯⋯叫佢去羅湖商業城買嘛！」

買樓還價不是考 DSE，沒有 Model Answer ！

買樓還價也不是羅湖買古董，大家鬥亂開價！

除非你自己上網找直接與買家接觸，直接議價，否則要靠代理做中間人，你是他客人，業主也是他客人，胡亂開價，代理那有信心幫你爭取？除非業主完全唔知價，否則代理還價需要一個理由！面對業主，要動之以情，亦要說之以理，你要跟代理好好溝通，從那個角度出擊，可以理直氣壯的跟業主爭取。

估價

「陳生，唔係話唔幫你推，但係你放 420 萬，

不過銀行估價得 350 萬，買家借唔到錢，點幫你買？」

上文提到，很多人都會以銀行估價作為參考。

例如 2015 年樓價升得快，估價升得更快，很多單位尤其是當炒的屋苑，甚至出現估凸價的現象，未必能用作武器。又例如 2016 年樓價跌得快，估價跌得更快，很多單位估價不足，不妨用銀行估價作為議價工具。銀行估價各有高低，首先你要先找幾間銀行估價，然後找一間估得最低的跟業主還價。

成交

「陳生，唔係話唔幫你推，但係你放 420 萬，

樓上啱啱成咗 380 萬，樓下有個放緊 370 萬，點幫你買？」

相比估價，成交更具參考價值。

買樓前做好準備功夫，上網查閱樓盤最近成交。業主放盤，會以近期最高幾個成交做參考，期望高處未算高；買家買樓，自然會以近期最低幾個成交做參考，期望低處未算低。個別成交價未必準確，例如有些單位連豪裝出售，成交價會偏高，又例如有些單位是家人之間的內部轉讓，成交價會偏低；因此我們會拿最近幾個成交的平均價作分析，決定出甚麼價。

租金

「陳生，唔係話唔幫你推，我有個投資客有興趣，

但係你放 420 萬，租得 1 萬，回報得 3 厘，點幫你買？」

這個理由用於工商舖比較多。

之前零售業興旺，買家重視舖位的升值潛力，最近商舖市場調整，買家更重視租金回報。根據筆者的經驗，跟代理溝通的時候，這個理由不但可以讓他們明白物業價格未夠抵買，更可以反映你是一個投資者，將來生意不絕，幫你議價更落力！

選擇

「陳生，唔係話唔幫你推，但係你放呎價 1.3 萬，

旺角嗰邊呎價都係 1.2 萬，點幫你買？」

這是一個比較進階的理由，新手上車未必明白。

全港有百多萬個住宅單位，沒有這個單位不會死的！再加上樓市下行週期，賣的人多，買的人少，選擇亦比較多，如果你的價錢不夠競爭力，為甚麼要跟你買呢？有次有代理推介馬鞍山的一個二手樓盤，呎價1.2 萬，比當時市價略低，力陳該區很多分支家庭支持，這個價很抵。筆者給他分析，當時沙田、大圍亦是 1.2 萬，九龍市區亦有不少盤是 1.2 萬，位置都比較好，為甚麼要買這個單位呢？代理無言以對。

按揭中伏篇

年青人第一步是上車買樓，

然後就是買樓收租，再然後就是財務自由⋯⋯

走得多遠？是否懂得運用按揭槓桿很重要！

擔保人的責任噩夢！

真人真事！

事主：「結婚準備成點呀？」

朋友：「慘呀！同男友買咗個細單位，借唔到錢，要撻訂！」

事主：「咁大件事？」

朋友：「我成世人得你一個好姊妹，可唔可以幫吓我呀？」

事主：「買層樓幾百萬，我邊有咁多錢？」

朋友：「唔使借錢㗎，你肯幫就得㗎啦！」

事主：「點幫呢？」

朋友：「我入息唔夠過唔到壓力測試，你幫我擔保就得！」

事主：「要做啲咩㗎？」

朋友：「冇㗎，簽個名就得！」

事主：「好啦，反正我都未有需要買樓……」

事主朋友順利上會，買樓上車。

幾年之後，事主結婚了，他們都想買樓建立自己的安樂窩，然而當他們到銀行查詢按揭的時候，才知道中伏！由於事主已經擔保了一個物業，如果想再跟自己的老公一起買樓，就要將兩筆按揭一起計算壓力測試，按揭成數、佔入息比例要減一成！

假設之前個單位擔保了 320 萬，現在買的單位又借 320 萬……

計算壓力測試的時候，就要用 640 萬計，點過？！

另外由於已經擔保了一個按揭，最高按揭成數要減成。

計算壓力測試的時候，亦要用較嚴謹的標準計算。

簡單點算⋯⋯難過！

事主：「我都要買樓呀，你可唔可以除咗我個擔保名呀？」

朋友：「唔好意思呀，我老公人工未夠，除唔到呀！」

事主：「咁點算呀？」

朋友：「對你唔住呀！」

除擔保名，必須要貸款人申請！

如果貸款人加咗人工過到壓力測試，當然冇問題，如果仍然過唔到，就要搵另一個擔保人代替，我們俗語謂⋯⋯交換人質。如果沒有的話，唔好意思，擔保人是不能單方面提出甩名的！

如果大家反咗面，大件事！呢世都甩唔到！

結果，事主與老公只能夠暫時租樓住。

至於事主的朋友，樓價就節節上升，又住又賺。

金管局壓力測試的確難倒了很多上車朋友。

如果真的有需要做別人的擔保人，必須要小心。

樓價跌，負資產……
銀行 Call Loan 就死了！

朋友：「而家樓價跌，買樓好危險！」

筆者：「點解呢？樓價平咗，唔係仲安全咩？」

朋友：「梗係唔係啦，樓價跌，咪好容易價負資產囉！」

筆者：「咁又點呢？」

朋友：「負資產銀行就會 Call Loan，邊有錢還？死梗！」

筆者：「邊個話負資產就一定會 Call Loan 呢？」

Call Loan 的意思是，銀行向貸款人收回貸款。

在一般樓宇按揭、個人貸款的協議書（Facility Letter）上，都會列明 on demand clause，即在銀行發信要求下，可在指定日期內收回未償還貸款，有關權利的行使，與資產價格無關。即是說如果銀行要追，無論你是否負資產，都有權追。例如物業市值 400 萬，不論欠銀行 3 萬還是 360 萬，銀行都有權收回貸款；所以我們要考慮的是，銀行為甚麼要追回貸款？

負資產不一定會 Call Loan，正資產亦不一定沒事！

例如買入價 400 萬，樓價跌至 280 萬，如果你借九成，欠銀行 360 萬，如果銀行 Call Loan，貸款人沒錢還，物業就會拿去拍賣，即使以當時市價 280 萬售出，即是有 80 萬壞賬。

如果你的物業只借五成按揭，買入價 400 萬，即欠銀行 200 萬，若拍賣價 280 萬，物業拍之後，銀行可全數收回。因此很多時候只要貸款人準時還款，即使是負資產都不會隨隨便便就 Call Loan，這涉及銀行商譽，如果一間銀行會隨隨便便向客戶追收貸款，誰會有信心呢？

那些人最容易被銀行 Call Loan？

　　有次筆者跟澳門某銀行經理交流，近年澳門發生「海一居」事件，樓盤爛尾，業主收不到樓，然而由於大部份業主在買入樓花期間已經做了即供按揭，即使樓盤爛尾仍然要供樓。

　　銀行經理說：「就算成層樓冇咗，我哋都未必會 Call Loan，Call 嚟做乜？咪只會迫貸款人申請破產？如果貸款人每個月準時還錢，我哋一般都唔會理佢。相反如果個人財務有問題，例如唔準時還錢，個個月都遲，甚至刻意拖延還款，我哋就會重新審視貸款人的財務狀況，如果財務狀況差，例如連續幾個月冇收入，Call Loan 的機會反而更高！」

90% 按揭？50% 按揭？哪個風險高？

朋友：「我諗住俾 50% 首期。」

筆者：「你買嗰層樓 300 萬咋喎，可以借到 90% 㗎！」

朋友：「借 90% 風險咪好高囉，跌一成就負資產囉。」

筆者：「就係因為驚會跌，更加要借多啲。」

政府說……降低按揭成數，可以減低風險！

請留意……政府所講，是銀行體系風險，不是你個人風險！

如果將來市場逆轉，有機會出現資不抵債，即負資產。

例如你買入 300 物業，借 90% 按揭，首期 30 萬，欠銀行 270 萬，如果樓價跌兩成，即跌至 240 萬，有乜冬瓜豆腐，賣咗層樓都唔夠還俾銀行，業主如果等錢使，就會有好大誘因斷供；如果個個係咁，銀行肯定蝕大錢、收水唔借錢，天下大亂！如果 50% 按揭，首期 150 萬，欠銀行 150 萬，將來樓價即使跌三成，跌到 210 萬，拍賣後銀行攞番欠款，仲有 60 萬俾番你，最少要跌 50% 以上才會出現這個情況，安全不過。

至於業主，Sorry……沒有人理會你的風險！

如果經濟差、失業、冇錢供樓，銀行就會收樓、拍賣。

上述第一個情況，借 90% 按揭，樓價跌 20%，如果你斷供，即時蝕 30 萬，仍欠銀行 30 萬，你可以選擇還錢，亦可以選擇申請破產，當年 1997 ～ 2003 年就出現破產潮。第二個情況，借 50% 按揭，若樓價跌 30%，如果你斷供，即蝕 90 萬！無論那個情況，同樣樓又冇、錢又冇……將來樓價回升，你甚麼都沒有囉！

傳媒又說⋯⋯借 90% 很容易負資產！

問題是⋯⋯負資產有甚麼可怕？！

　　即如前文所說，只要你乖乖的準時供樓，一般情況下是不會 Call Loan 的，除非你是做生意的，銀行擔心你生意唔好會影響還款。如果你有 50% 樓價的資金，即 150 萬，但仍然做 90% 按揭，即首期只用了 30 萬，手上仍然有現金 120 萬，以現時的利息計算，供十年八年都得。如果樓價真係跌 30% ～ 50%，你有本錢買多間，將來樓價回升，你就可以賺很多、很多了！

　　舉例：樓價 300 萬，有現金 150 萬，樓價跌至 200 萬⋯⋯

	10% 首期 = 30 萬	50% 首期 = 150 萬
手上現金	120 萬	0
經濟差、失業結果	可供近 10 年	沒錢供樓，斷供！ 拍賣後取回 50 萬
一年後經濟好轉 找到好工	手持逾 100 萬， 可買多層樓！	僅餘數十萬， 曾斷供，紀錄差， 難再借錢！

估價不足，被迫撻訂！

A 代理

美麗大廈

高層靚裝、200呎

可九成按揭、首期 **35** 萬
售 **350** 萬

代理：「業主開價 400 萬，不過有得傾，我帶你睇咗先，睇啱鍾意我再幫你傾吖。」

同學：「噢！撈！有朋友中咗招！」

筆者：「咩事？」

同學：「佢買咗層樓，以為可以做九成按揭，點知做唔到？」

筆者：「衰乜嘢？」

同學：「估唔到價！佢見廣告話可做九成就簽咗⋯⋯」

筆者：「簽約前冇估價咩？冇問你意見咩？」

同學：「冇呀，簽咗先問！代理話舊年估到，輕輕帶過。」

筆者：「舊年同今年唔同世界喎。」

同學：「咪係囉！中晒伏啦！」

筆者：「諗諗計⋯⋯」

陷阱：何謂估價不足？為甚麼要撻訂？

估價……簡單來說，是銀行對你的物業的估值，銀行借多少錢給你，例如借 5 成，不是根據「買賣價」計算，不然老公賣給老婆，300 呎叫價 3,000 萬，豈不是可以借 1,500 萬？銀行會以估值作參考，「買賣價」或「估值」以較低者為準。

例如：300 萬買入單位，預計借 90%，首期 30 萬……

◇ 若估價不足，估值 270 萬，款額 270 萬 X 90%= 243 萬

◇ 你要負責的首期 = 300 萬 - 243 萬 = 57 萬

◇ 換句話說，你要多付 = 57 萬 - 30 萬 = 27 萬

在完全沒有準備的情況下，原本打算付 30 萬元首期，現在要付 57 萬，那裡來 27 萬呢？如果沒有錢，或被迫到財務公司借高息貸款，或撻訂投降！

陷阱：估價有升有跌

估價會隨著樓市升跌而調整，升市的時候，例如 2015 年，銀行估值甚至會比實際成交高，例如某單位樓價是 400 萬，升市時估值有機會高達 420 萬甚至更高，尤其是一些熱門的屋苑，間接做到過去兩、三年，很多二、三線屋苑不斷創新高。

銀行是相對保守的行業，到了跌市，例如 2016 年，估值有機會跌得成交更狠，例如上述樓價由 400 萬跌到 360 萬，估值有機會只有 340 萬甚至更低，去年估到價，不代表今年估到價，新手上車對市況不熟悉、資本不足，宜在簽約前再估一次，樓市上升時還可以躲懶，樓市下行時要特別小心。

絕大部份銀行、代理、按揭轉介公司都有估價服務。

　　一般大型屋苑、比較知名的小型屋苑或單幢樓，都可以上網估價，不同銀行有不同估值，筆者試過洽購一個尖沙咀的單幢樓單位，估價最高 460 萬，最低只有 380 萬，高低相差竟近兩成！如果可以的話，估價最好問兩間或以上銀行，如果有網上估價，不妨估齊匯豐、中銀、恒生。

估價不足，貸款不足，是新手最常遇到、最慘烈的中伏！

　　對經驗投資者而言沒有這個問題，我們睇樓，入屋望兩眼就心中有數，這個單位大概值多少錢，幾年後大概可以賣多少錢，加上資本比較充足，搶貨的時候甚至不用估價。然而對上車新手來說，對市場並不熟悉，要多做功課。

有臨約就估到價？

朋友：「我上網睇，呢個單位好似估唔到價喎！」

代理：「上網估就梗係低啲㗎啦，親自搵銀行估就高啲！」

朋友：「可以估高幾多？」

代理：「你而家爭一成左右之嘛，有臨約就估到！」

經常都聽見代理這樣說，是否可信呢？

　　事實上，網上估價一般較為保守，如果親身找銀行或按揭轉介公司估價，估高幾個巴仙，一般問題不大。例如網上估價 350 萬，成交價 360 萬，一般可以估到。如果已經簽好臨約，確實對估價會有幫助，問題是……如果相差太遠，例如上述例子提到相差一成，則未必可以估得到！如果你要做 9 成按揭，按揭證券公司估價更保守，要加倍小心！

　　如果物業成交價與估價相差 10% 或以上，在樓市上升周期，可以嘗試跟業主多要兩、三個月成交期，一來由於樓價上升，今天估不到的，下個月就有機會估到。二來銀行有很多不同的估價行協助它們估值，有足夠的時間，銀行就可以幫你多問兩間估價行，有機會爭取到較高估價。然而在樓市下行周期則剛剛相反，由於樓價及估值正在下跌，成交期越長，風險越高，如果真的估不到，而你又沒有額外的首期，建議你不要勉強。

很多朋友問，如果買新樓，應該揀即供還是建期付款。

即供的意思是簽署正式買賣合約之後，即時申請按揭及完成交易，好處是會有更大的折扣優惠，壞處是要即時開始供款，即使新樓仍然未入伙，你已經要開始供樓了。

建築期付款的意思是先付訂金，到樓盤入伙前幾個月才申請按揭，入伙時才開始供款，除了優惠較少，在樓市下行週期，最大的風險是到時樓價再下跌，估價再下跌，估不到價。

壓力測試計錯數，被迫撻訂！

銀行是否借錢給你，最主要考慮你有沒有能力還錢。

以前我們買樓，只需要計算供款佔入息比例（DTI Ratio），例如供款 1 萬元，月入有 2 萬元就可以了。然而為了應付未來可能加息，金管局規定借貸的時候要進行壓力測試，假設將來利息上升 3%，是否仍然有足夠能力供樓。

根據金管局指引，每月實際供款不可超過入息 50%，利息加 3% 之後，每月供款不可超過入息的 60%。以月入 2 萬元，現時按息 2.15%，供款年期 30 年計算為例：

月入 2 萬元	沒有壓力測試	有壓力測試
按息	2.15%	5.15%
佔入息比例	50%	60%
最高供款額	1 萬	1.2 萬
最高貸款額	265 萬	220 萬
最高可買樓	441.9 萬	366.3 萬

有壓力測試下，購買力下跌接近兩成。

不過這不是最容易中伏，最恐佈的地方！

買新盤，做二按，中伏！

現在不少新盤都有提供二按。

近年不少新盤撻訂個案，並不是因為買家睇淡樓市，而是因為計錯壓力測試，例如某發展商的新盤，樓價 400 萬，發展商提供樓價的 20% 二按，換言之買家最多可以借 8 成，按揭利率為首三年 P-3.1%，三年後為 P，最長年期為 30 年：

樓價 400 萬	沒有壓力測試	壓力測試 1	壓力測試 2
按息	2.15%	5.15%	8.25%
佔入息比例	50%	60%	60%
月供	12,069 元	17,473 元	24,041 元
月入要求	24,138 元	29,122 元	40,069 元

首三年每月供款 12,069 元，按息加 3% 後月供 17,473 元，佔每月收入不超過 60% 計算，月入要求約 2.9 萬元。如果你月入 3 萬元，以為這樣就過關，那就中伏了！

因為壓力測試是以整個貸款計劃中，最高的利息計算，由於條款之中有三年後按息為 P，即 5.25%，若用這個利率作基準，加 3% 即是 8.25%！入息要求急升至約 4 萬元，死了！最近有新盤改用一按跟銀行即 5.15% 計，二按跟發展商即 8.25% 計，供款 19,025 元，入息要求 31,709 元，低好多。

借九成，計錯數，中伏！

近年政府不斷收緊按揭，2015 年將 700 萬以下物業的最高按揭成數，由 70% 調低至 60%。為幫助市民上車，按揭保險公司可作擔保，讓銀行提供多 20% 至 30% 二按，即最高可借 80% 至 90% 按揭，然而兩者的要求有很大分別，很容易中伏。

陷阱 1：樓價

「我睇咗個筍盤呀，好靚㗎，438 萬咋！我有 50 萬呀，

係咪可以做九成按揭，俾 43.8 萬首期就得呀！」

◇ 80% 按揭：最高貸款額是 480 萬

◇ 90% 按揭：最高貸款額是 360 萬

換句話說，如果你買的單位超過 400 萬，例如 438 萬，最多只可以借 360 萬，你需要付的首期是 40 萬 + 38 萬 = 78 萬！

所以如果你想借盡九成按揭，用最少的首期上車，在現行的制度下，必須選擇 400 萬以下的物業。

陷阱 2：DTI - 供款佔入息比例

「我計過數啦，加咗 3 厘，呢個單位都係月供 1.2 萬蚊咋，

我人工有 2 萬，即是可以過到壓力測試啦，我買啦！」

　　◇ 80% 按揭：　實際每月供款佔每月收入不可多於 50%；

　　　　　　　　　　壓力測試後每月摸擬供款不多於月入 60%。

　　◇ 90% 按揭：　實際每月供款佔每月收入不可多於 45%；

　　　　　　　　　　壓力測試後每月摸擬供款不多於月入 55%。

　　政府對九成按揭申請者的要求特別高，無論是實際供款，還是壓力測試後的摸擬供款，佔入息比例都要再減 5%，以上述例子為例，月供 1.2 萬，入息要求就由 2 萬，提高至 2.18 萬。

陷阱 3：收入要求

「我計過數啦，呢個筍盤壓力測試後供款都係 1.2 萬，

我每月底薪 1.5 萬，佣金約 2.5 萬，加埋 4 萬，實夠啦！」

　　按揭保險公司對九成按揭申請者，不但要求特別高，審批條件亦更苛刻，根據金管局的指引，申請者的收入，必須是穩定的收入，以上述例子為例，如果每個月佣金不一樣，例如上個月 3 萬，再上個月只有 2 萬，這就不算是穩定的收入，計算壓力測試的時候，只會用 1.5 萬底薪計算。如果只申請 8 成按揭，佣金則可以計算在內，一般以過去半年的平均數計算。

因此如果你的工作是以佣金為主要收入，就得特別小心。

例如前線銷售人員等，那怕你是 Top Sales，都未必可以滿足 9 成按揭的要求。又例如你是 Freelance 自由工作者，又或者是自僱人士，想申請 9 成按揭就更渺茫；例如你是一個出色的鋼琴老師，如果你自己出來教學生，就借不到，如果你在某學校或某音樂機構教琴，有穩定收入，就可以借到。是的，很不公平，如果想借盡九成按揭就要找一份收入穩定的工作。

另外申請 9 成按揭，還需要是首次置業，意思是現時手上沒有其他住宅物業，即使以前買過，只要已經出售亦可以。

忘記計算卡數、私人貸款？中伏！

「卡數遲兩日還好少事啫！」

「今個月無錢呀，還住 Min Pay 先啦！」

　　銀行審批按揭時，會查閱申請者之信貸資料庫，如果之前的信貸紀綠未如理想，評級太低，銀行都不會借。年青人喜歡碌卡消費，很容易會中招。例如有位朋友，每個月都只還 Min Pay，而且經常都會遲還款，每個月都會遲一天、兩天，甚至一星期，這些遲還款紀錄都會詳列在你的信貸資料庫中，不但令你的評級下跌，更會影響銀行對你的印象，影響按揭批核！

如果你是一個沒有記性的人，請自動轉賬付卡數！

另外，私人貸款或太多卡數，都會計算在負債供款內。

　　例如你的還款能力，可以償還 1 萬元按揭，但由於之前有筆私人貸款未清，每個月需要還 4,000 元，則你的還款能力，只會以 6,000 元計算，購買能力就會急速下跌，因此如果你真的想買樓並且想借盡 8、9 成按揭，請抗拒誘惑，儘量減少貸款。

年紀大借不到按揭？

朋友：「算吧啦！上車唔關我事！」

筆者：「點解咁講呢？」

朋友：「你咪睇我咁後生，我今年 40 幾歲啦，點借錢吖？」

筆者：「點解借唔到呀，有機會借到 30 年添呀！」

　　根據金管局的指引，「申請人的年齡」+「供款年期」不可超過 80 年，然而不是每間銀行都會用盡 80 年，建議大家用 75 年作為參考，即使 50 歲，仍然可以借 30 年。

　　如果已經 60 歲呢？可以借盡 30 年，減少每月還款壓力嗎？如果你聯名買樓，銀行會一併審視兩位業主的狀況，批出更長的供款年期。話說有位朋右，買樓的時候已經 65 歲，高薪厚職，大公司工作，收入證明齊備，覺得一定沒有問題，於是就買了一個新樓單位，後來銀行只批出 10 年還款期，10 年與 30 年相比，每月供款相差甚遠，結果入息未能通過壓力測試。於是他唯有找他的兒子做擔保人，雖然最後順利過關，然而卻削弱了兒子的購買力，日後兒子買樓的時候將會還到很大麻煩。

樓齡高借不到按揭？

朋友：「三十幾年樓你都夠膽買？」

筆者：「點解唔夠膽呢？」

朋友：「咁舊……邊借到錢㗎？」

筆者：「借 30 年都仲得！」

　　根據金管局指引，「樓齡」＋「供款年期」不可多於 75 年，然而根據按揭保險公司指引，如果「樓齡」＋「供款年期」若超過 70 年，則須因應個別情況考慮，即是超過 40 年的物業，就有機會批不到 30 年供款期。然而要視乎物業的質素而定，如果是大屋苑，如太古城，即使樓齡舊亦可借足 30 年，如果是單幢舊樓，就未必有這樣的優惠，銀行多數做 70 年。

除了樓齡之外，物業質素亦是高成數按揭的關鍵因素。

　　銀行非常重視物業的質素，因為它們擔心若將來收回物業，未必可以賣到理想價錢，因此有個不成文的規定，沒有電梯的唐樓、村屋等，一般不會批出高成數按揭。如果你計劃買這類物業就必須要小心，或者要預更高的首期。

大銀行比較穩陣？

筆者：「搵邊間銀行？」

朋友：「滙豐啦、中銀啦，大銀行穩陣啲嘛！」

筆者：「其實要咁穩陣做咩呢？」

朋友：「借幾百萬喎！」

筆者：「又唔係你存款，你借錢之嘛！」

　　穩健與否，根本就不重要，因為不是你放錢在銀行，而是銀行借錢給你，況且香港的銀行體系非常穩健，毋須擔心。不同銀行有不同作風，有時候甚至不同分行，不同經理都有不同的審批情況，應該因應自己的情況，選擇合適的銀行。

　　◇ 四大銀行：滙豐、中銀、恒生、渣打等

　　◇ 本地細行：永隆、大新、創興、永亨等

　　◇ 中資及外資行：花旗、富邦、交通、大眾、星展、工商等

如果你是一位優質客戶

　　例如有穩定工作、穩定收入、在大企業、政府等機構工作，如果你有專業資格，沒有不良貨款紀錄，如果你承做按揭的物業質素高，例如是大屋苑、樓齡新等等，恭喜你！在銀行眼中你是一位優質客戶，無論到任何一家銀行都歡迎你，你可以選擇大行或中資大行，享受更多優惠。

如果你是次一級客戶

例如如果你是自僱人士，或者靠佣金收入為主，收入不穩定的人士，如果你有不良貸款紀錄，例如有不少卡數、私人貸款，如果你的物業質素低，例如樓齡舊的單幢樓、村屋、唐樓，又例如你的物業有僭建令等等，大行批核的確有難度，適合找細行，例如中信、富邦、大眾、永亨、大新等，條款細節未必如大行般優惠，但最少可以借得到！

最少申請三至四間

有些銀行批核非常快，三至四天就搞定；有些批核比較慢。筆者試過有間銀行，每次批核都要超過一個月，建議各位上車買的時候，最少預留兩個月作批核，並且最少要申請三家銀行；找大行，同時亦找細行。有競爭才有進步，可以藉此爭取更多有利條件，例如罰息期、現金回贈等。之前試過有朋友申請按揭，自以為自己的條件很好，就只申請一間大銀行，大銀行的審批相對比較嚴謹，最後這間銀行不批，臨急臨忙就幫他找了另一間，但9成按揭就趕不及了，只能借6成。

聯名買樓好還是用擔保人好？

讀者來信

版主你好！想問如果一個人的收入不夠買樓，應該用聯名？還是用擔保人？本人準備跟女朋友在 2016 年底結婚，現正計劃買樓自住，由於單靠個人的收入過不到銀行壓力測試，需兩人合力，請問聯名購買跟擔保人有何分別？

by Kenny

回覆讀者來信

今時今日政府辣招多多，尤其是按揭不斷收緊，一般打工仔要靠自己一份人工買樓並不容易，很多時要跟家人合力購買。到底應該用聯名購買，還是用一個人名買，另一個擔保呢？

首先說人性角度來看，這是男女之間相處的問題。

兩個人結婚組織家庭，兩個人就是一個整體，她自然希望擁有新居一半業權，令心裡更踏實，更有安全感，因此；從人性角度來說應該是聯名購買的。

然而，從投資角度來看，聯名不利將來再買樓。

從第一個物業的角度看，無論是聯名買樓也好，一個人名，另一個擔保也好，負債都是一樣。例如讀者借入 400 萬元，無論採用哪種形式，兩個人都是同時欠銀行 400 萬元。

兩個人聯名買樓，代表讀者與太太同時擁有業權，無論誰將來再買樓，都是第二個物業，首先要付雙倍印花稅（DSD），先花一筆錢。即使願意多付錢，

也未必買得到。因為根據目前的指引「供款佔入息比例」第一個物業是不能超過入息的 50%；第二個物業則是 40%。至於「壓力測試後的模擬供款」第一個物業是不能超過入息的 60%；第二個物業則是 50%。

舉例說將來收入增加了，有 20,000 元額外收入。

以 5.15%（即 2.15%＋ 3%）、年期 30 年、50% 按揭計算。

第一層樓：具有 12,000 元的供款能力，可買 439 萬元物業。

第二層樓：僅 10,000 元的供款能力，只能買 366 萬元物業。

如果用 A 名，由 B 作擔保，情況更具彈性。

首先 B 仍然未有物業，可以免卻 DSD，壓力測試也較輕鬆，想釋放 B 的購買力亦比較簡單，只要重新批核，轉換擔保人即可。如果 A 的收入增加了，不再需要 B 擔保，做一次轉按就可以除名，簡單快捷。如果聯名的話，則需要透過買賣，例如將 B 的業權轉讓予 A，印花稅及各項買賣的繁瑣交易費用亦省不了。

睇樓中伏篇

經常聽見前輩說，想買筍盤就要多睇樓，但怎麼開始？
作為一個上車新手，應該如何著手？
一個好的策略，可以幫你找到清晰的目標，一步步搵到筍盤！
策略不對，隨時中伏！

睇過兩次了，根本就沒有筍盤！

朋友：「邊鬼度有筍盤吖？！」

筆者：「咩冇呀，同學們買咗好多間啦喎！」

朋友：「我睇咗兩次啦，得幾個盤，一係垃圾，一係勁貴。」

筆者：「睇過兩次咁大把，梗係冇啦！」

　　根據過往經驗，要在一個小區內，搵到一個平靚正筍盤，起碼要睇二、三十個單位，隨時睇一、兩個月，睇兩次就樓就大叫沒筍盤，信以為真就中伏了！睇樓可以分兩個階段進行，作為投資者，睇樓睇了十年，尚且未能記得所有睇過的單位，更何況新手落場？睇多兩間，已經亂過亂世佳人！一覺醒來，已經忘記得七七八八了，如果認真想買，不但要睇，還要做筆記，充實自己的資料庫，細心分析，才能作出明智選擇。

第一階段：甚麼都要睇，加深對小區的認識！

　　這個階段目標是收集資訊，以當年筆者進軍九龍灣得寶花園為例，最初幾次睇樓，筆者會多找幾間代理，找最多盤源，包括買盤、租盤，儘量睇最多的單位，務求不同座數、不同樓層、不同坐向、不同景觀、不同間格都睇過。

　　霎時間收集那麼多資訊，很容易就會忘記，所以必須做好筆記。你可以帶一筆筆記簿，但不要太大本，還要硬皮簿，像中學生似的，誰會招呼你呢？要有投資者的風範，最好帶一本細小的筆記本，神不知鬼不覺。至於筆者則喜歡拿代理行的 Site Plan 及 Floor Plan，然後再上面寫，可以即時圈出不同單位所在，並在旁寫上價錢及備註，簡單清晰。

睇樓的時候，要全副武裝，幫助自己做紀錄。

今天一部手機就有 10 萬個功能，幸福多了！

地圖：以前我們要拿著一本地圖到處走，了解周邊還有甚麼樓盤，附近有甚麼社區設施，樓盤的位置，距離商場有多遠，距離地鐵站有多遠等等，今時今日一開 Google Map 就搞定了，還有 GPS 有街道實景圖，多幸福！

相機：多睇幾個樓盤之後，你就會發現，那個是木地板？那個是磚地板？那個是牆紙？那個是油漆？那個是樓望樓？那個是海景？……已經非常混亂，最好柏照紀錄。

計算機：用作計算各種成本支出，例如首期、裝修等，還會計算呎價，即樓價除以實用面積，我們亦會問代理這裡如果放租，租金大約是多少，計算租金回報及值搏率。

供樓 Apps：坊間有好幾個不同的 Apps，筆者用慣「利嘉閣按揭易」，收到業主開價之後，馬上就可以計算一下每月供樓大概多少錢，壓力測試要幾多才能通過，先揀「供樓」選項。

計算壓力測試

以 300 萬的物業為例，每月實際供款是 10,183 元，例如按揭的封頂位是 2.15%，就將利率調升至 5.15%，每月摸擬供款就是 15,384 元，借 9 成按揭摸擬供款不能超過入息的 55%，即是以 15,384 元 / 0.55，得出入息要求是 27,971 元。

其中一個功能是計算每月供款

只要輸入樓價、按揭成數、供款年期及按揭利率,就可以計出每月供款是多少了。例如樓價 300 萬、成數 90%、年期 30 年、利率 2.15%,就得出每月供款是 10,183 元。

練習:350 萬樓要供多了?

另外亦有支出一覽表

例如首次置業的印花稅、非首次置業的雙倍印花稅、按揭保險費用、代理佣金等,還可計算壓力測試,然而每個人的壓力測試標準不同,建議自己用加 3 厘供款再計一次。

練習:300 萬樓有甚麼支出?

另外可計算你的貸款能力

在「樓價」選項,可以計算有能力買多少錢的樓。只要輸入你預算可負擔的供款額,輸入成數、年期、利率,就可以得出你可以買多錢的樓,例如你月入 30,000 元,供款是 30,000 X 0.55 = 16,500 元、成數 90%、年期 30 年、利率 5.15%,得出 321.8 萬,就是你可買的樓價。

練習:350 萬樓要供多了?

8 成按揭呢？成數是 80%，年期是 30 年，利率是 2.15%，每月實際供款就是 9,247 元，將利率調升至 5.15%，每月摸擬供款就是 13,386 元，借 8 成按揭摸擬供款不能超過入息的 60%，即是以 15,384 元 / 0.60，得出入息要求是 22,310 元。

練習：350 萬壓力測試是多少？

第二階段：鎖定目標，出擊！

經過第一階段之後，相信你已經對目標小區有一定的認識，這個階段目標是拼命，要出擊了！再次落到戰場，首先你要收窄範圍，清楚地跟代理說出你的要求，要那幾座？那些樓層？那些坐向？那些景觀？那些價錢？……不在目標範圍以內的就無謂花自己與代理的時間了。每次有目標出現，就全副武裝迎戰！

Site Plan / Floor Plan：身上袋一份代理給你的 Site Plan / Floor Plan，如果你跟代理溝通得好，應該隨時會有合適的盤報給你，你都可以即時查閱單位位置、圖則、坐向及景觀等。即時可以決定是否安排時間睇樓，還是即時還價。

拉呎：拼命期間，睇樓不妨帶備拉呎，單位有沒有改過則？房間是否夠用？能否放得下一張雙人床？客飯廳是否夠用？是否需要改位？如何改才放到梳化？放到電視？

支票簿：投資者經常有一句話，筍盤不會坐在代理行等你，是你自己去還價還出來的，遇上條件與你要求差不多的盤，就要積極還價，還價時最大的武器，莫過於手上的支票簿了。出票講價有些技術上的問題要注意，其他章節再詳談。

如果你的目標小區以單幢樓為主

做法亦差不多，不同的是由於每幢樓都有自己的特性，價錢亦很參差，要多花多點心機。第一階段先劃出地區範圍，然後在這個地區範圍內，儘量多找幾個代理，睇多幾個單位，不同類型的樓盤，無論新樓、二手樓、舊樓、單幢樓、小屋苑都睇。不過要再做多重功夫，在小區內走幾轉，留意整個小區的佈區，那裡有巴士站、有港鐵出口，那裡有食肆、便利店、超市，那裡有社區設施，每幢樓的位置等等，然後收窄目標，鎖定幾幢大廈。

第二階做法亦是一樣，鎖定目標之後，跟代理溝通好，集中火力就是睇這幾幢大廈，全副武裝準備出擊。對上車新手來說，無可否認屋苑是比較容易入手，然而由於每幢樓的差異性不大，估價、成交價差不多，透明度高，買賣價難有驚喜。相反單幢樓每幢都有自己特色，估價、成交價可以相差很遠，透明度低，隨時有驚喜，想尋寶就要多花點心機了。

我對這些樓沒興趣，不看了！

朋友：「幾時去睇樓呀？叫埋我吖！」

筆者：「我同幾個同學後日去睇個新盤呀，一齊吖！」

朋友：「新盤唔睇啦，咁貴……我都買唔起。」

筆者：「睇吓之嘛，又唔係買。」

朋友：「我驚啲代理呀，成班人圍住你㗎！」

筆者：「我哋去得就梗係有相熟代理帶啦，唔使驚喎！」

朋友：「仲有冇其他睇？」

筆者：「睇完個新盤，响附近約咗幾個單位。」

朋友：「咩單位嚟㗎？」

筆者：「都係啲廿幾、三十幾年單幢樓囉！」

朋友：「單幢樓嚟㗎？唔睇啦！」

筆者：「又唔睇？平喎！」

朋友：「我都係鍾意屋苑式多啲……」

最後筆者當然沒有理他，哈哈！

上文提到，睇樓應該睇多幾區，才知道不同地區的價錢，知道你的目標地區，價錢偏貴還是偏平，其實樓盤種類亦是一樣，即使在同一個地區，同一個地段，不同種類的樓盤，都有不同的價錢，睇得多才會比較。

有些朋友抗拒新樓，因為覺得新樓貴，樓花期長等等。

記住這句話……睇啫，又唔係買！新樓盤有它的參考價值，如果一個地區的新樓盤供應多，開價又貼近周邊的二手樓，反映未來區內二手樓樓價會有較大壓力，同價為甚麼要買二手樓呢？

有些地區，新樓盤的供應不多，呎價比區二手樓高很多，反映發展商及買家有信心。例如筆者與同學們的主場之一，何文田站周邊，二手樓呎價才 1.2 萬，新樓賣到 2 萬甚至更高。

至於舊樓、單幢樓、小屋苑，同樣有它們的參考價值。

有些地區以屋苑為主，例如天水圍、沙田、將軍澳等，甚少單幢樓。有些地區除了大屋苑，還有很多小屋苑、單幢樓都適合年青人上車，例如元朗西鐵站附近的好順利、好順意、好順景大廈，2016 年初的跌市，就有不少 200 頭的成交，又例如有屯門上車單幢三寶之稱的麗寶、萬寶及利寶大廈，更出現 1 字頭的成交。筆者不是推介個別單位，只是對於很多資金不足、人工不高的年青朋友來說，確實是難得的上車機會。

我對這區沒興趣，不看了！

朋友：「幾時去睇樓呀？叫埋我吖！」

筆者：「乜你想買樓咩？」

朋友：「係呀，諗住出年同女朋友結婚。」

筆者：「恭喜晒喎！」

朋友：「多謝！」

筆者：「我約咗同學今個星期六睇油尖旺，一齊嚟嗎？」

朋友：「等我打電話問吓女朋友先。」……打電話……

朋友：「油尖旺唔去啦！女朋友鍾意沙田。」

筆者：「睇啫，唔一定要買嘅！」

朋友：「唔睇啦，睇吓你幾時去沙田先叫我哋啦！」

　　真人真事，最後朋友以破頂價，在沙田區一個二線屋苑買入一個細單位，當時買入這個單位的時候，呎價比九龍區，其至比港島區，樓齡相近的屋苑呎價還要貴。例如他買的單位，呎價 1.6 萬，同期九龍區質素相若的屋苑只需 1.4 萬，港島區亦只需要 1.5 萬，筆者覺得溢價太高，就是因為銀碼細、女朋友喜歡沙田就買？最後朋友當然不聽勸告，買了！

這件事筆者想帶出一個訊息……睺樓應該睺多幾區!

很多朋友都會說,我對這區沒有興趣,我不打算在這區買,睺樓亦沒有意思,無謂花時間了。這不是一個正確的態度!以朋友的情況為例,如果只在自己喜歡的、打算買樓的地區睺樓,看到的只是區內的情況,如果這個小區被過分熱炒呢?價錢比其他地區貴呢?可能他們買入的單位,當時確實是區內最抵的選擇,那又如何?相比其他地區仍然是貴啊!

升市的時候,大家鬥創新高,當然沒問題,然而當大市調整,被過份熱炒的地區,溢價太高的地區就會跌得最傷。

多到不同地區睺樓,你會知道不同地區的價錢,如果你的目標小區太貴,可以考慮到其他地區,又或者先租樓住,等價錢合理一點才買。

白天要上班，晚上才睇樓吧！

代理：「幾時得閒睇樓吖？」

朋友：「日抖返工好忙，夜晚先嚟睇啦！」

代理：「咁星期六、日呢？」

朋友：「Family Day 嘛，都係夜晚先睇啦！」

不幸！香港是全世界工作時間最長的地方，除了 Work Hard 之外，香港人還是 Play Hard，吃飯、唱 K、睇戲、Shopping……節目多籮籮，那裡有時間睇樓呢？所以很多朋友都會選擇平日晚上放工後去睇樓，然而晚上睇樓很容易中伏！

筆者試過睇一個沙田區的樓盤，照睇地圖有靚山景，當晚上去睇樓亦沒有失望，打開客廳的大窗，就對著一座山，雖然晚上黑漆漆一片，甚麼也看不到，然而卻可以感受到那寧靜的環境、清新的空氣。隔天，筆者準備落訂，再去看一次，赫然發現山板上原來有一個原居民的祖墳，很有殺氣，馬上打消購買念頭；如果白天沒有去看一遍，就中伏了！

又試過有朋友買的單位，前面有家小學，晚上睇的時候，由於校舍矮，景觀開揚，感覺很捧！誰知每天早上七時多就開始打鐘，學生跑跑跳跳，大聲喧嘩。前面的馬路還車來車往，除了校巴之外還有很多不同的車輛駛過，叫朋友早上無覺好瞓，

　　工作忙也沒辦法，簽約前儘量安排時間，Lunch Time 也好、星期六、日也好，白天再多看一遍就可以。其實最理想的，是白天有睇，晚上又有睇，單單在白天睇樓亦有問題。

　　有朋友在新界區某處睇了一個村屋單位，白天睇樓的時候完全沒有問題，鳥語花香、環境怡人，然而晚上返家的時候，整條路烏燈黑火，雖然未遇過賊人，但感覺很不安，間中還會有幾條惡犬在附近流連，分不出是附近的鄰居養的，還是流浪犬，幸好朋友睇的是租盤，很快就退租了。除了村屋之外，即使在市區，有些地區白天熱熱鬧鬧，晚上都是沒有人氣，陰陰沉沉的，甚至會有滋事分子在附近流連，夜歸族尤其是女士要特別小心。

業主花了 50 萬豪裝⋯⋯值得買嗎？

朋友：「今日跟代理睇咗個筍盤，裝修好靚，好鍾意！」

筆者：「會唔會貴好多？」

朋友：「比同類型單位貴 30 萬左右啦！

筆者：「咁仲話筍？」

朋友：「代理話業主用咗 50 萬豪裝喎！」

筆者：「唔係呀？間屋得 300 呎，用咗 50 萬？」

朋友：「唔包傢電，廿幾萬裝得好靚啦！」

每個二手樓業主都有不同的賣樓策略。

二手樓經歷多年風霜，殘舊、損耗是必然的事，有些業主懶得理會，照樣放盤，情願價錢平少少，讓新買家自己裝修。有些業主則會花錢裝修，執靚間屋然後再賣，價錢當然會比較貴，一般業主如果花了 10 萬元翻新，或價說 20 萬靚裝，花了 20 萬靚裝，或會說 3、40 萬豪裝，花了那麼多時間、心血，賺多少少亦是人之常情，不過講到 50 萬，又確實太誇張，普通一個 300 呎的兩房單位，如果不包括傢俬及電器，20 多萬已經可以裝修得很豪華了，買家可以自己評估，再合理還價。

對新買家來說，買入連就可以將裝修成本一拼計入樓價，然後分 30 年供，就算貴些少都值得，當然大前提是要估到價，如果估價不到，不能多借錢，同樣沒有著數。如果要自己裝修，要考慮自己有沒有這方面的知識？有沒有能力處理好？有沒有時間跟進？其次要考慮的是資金，裝修費是不能借按揭的，要

全數現金繳付。以下列例子為例，每月供款多 1,000 元左右，首筆資金少付 25 萬，如果資金不足，亦可以考慮。

例：A 單位售價 300 萬，內隴殘舊，要自己大裝修。

◇ 首期、佣金、厘印、律師費、雜費等合共約 40 萬；

◇ 全屋大裝修，連傢俬、電器，約 30 萬；

◇ 首筆要動用的資金約 70 萬；

◇ 按息 2.15%、供 30 年計算，月供 10,183 元。

例：B 單位售價 330 萬，新裝修，添置傢俬電器即可。

◇ 首期、佣金、厘印、律師費、雜費等合共約 40 萬；

◇ 毋須裝修，只需添置傢俬、電器，最平約 5 萬；

◇ 合共：首筆要動用的資金約 45 萬；

◇ 供款：按息 2.15%、供 30 年計算，月供 11,202 元。

化妝樓陷阱

所謂化妝樓，意思是有些單位的裝修，表面看很美觀，實際上沒有徹底改善！以上述例子為例，如果你不懂得分辨，以為單位裝修值 30 萬，樓價多付了 30 萬，誰知收樓之後發現，內裡原來千瘡百孔，最後又要自己多花 20 萬裝修。你的損失就是白白買貴了 30 萬，又忽然要拿 20 萬出來，或會頓失預算。

這一篇，教大家如何分辨化妝樓。

首先，大家要知道化妝精神……

睇得到，整靚啲；睇唔到，話之！

化妝樓分不同層次，有些業主對裝修設計認識不多，純粹為了令放盤「冇咁殘」，只會簡單髹油、修補，一看就知是幾萬元貨色，只能稱作翻新。買家接手後仍然要花十萬八萬裝修，好處是明刀明槍，不會太中伏。（如右圖）

有些業主，裝修設計功夫高，可以用極低的成本，做出極佳的視覺效果。讓買家以為是數以十萬的豪裝，簡單添置傢俬就可以住。單位如有內傷，如漏水等，良心業主會為下手買家解決，沒良心的或會用掩眼法遮掩，到你收樓後才發現，要另外花一大筆錢處理。如果你很擔心遇上化妝樓，最好的方法就是挑選樓齡比較新，如 10 年左右的單位，多數條件不會太差。如果覺得價錢太貴，可以揀一些現在有人住，或者住客剛搬走，但不太殘舊的裝修，自己再花點錢翻新。上圖是沒有人住過，為放盤而做的全新裝修，下圖是有人住過，本來就如此裝修。

地板

　　舊樓通常都會出現部份地皮破損、發黑等情況，如果要剷走原有地板、清走泥頭、盪平、再鋪磚，成本很高。低級化妝樓，會只更換有問題的部份，如果你看到地板有不同顏色、花紋、新舊等，就知道是有問題修補。高質素的化妝樓，通常會在原

有地板上，再鋪上一層新的無縫地板或膠地板，驟眼看未必察覺，細心看會發現地台偏高，在上面走會感到地板下有空隙。

牆身

　　如果你在牆身上發現有新、舊油的痕跡，可能是因為牆身發霉、有水漬，業主簡單補油掩飾問題。最麻煩是本來貼上牆紙，後來牆紙殘舊，如果要剷走、盪平、再鬆油或貼牆紙，成本很高，筆者見過有業主就在牆紙上鬆油。想剷牆紙根治問題？收樓之後交給你來處理了。

廚廁

一個單位的裝修，廚房、廁所的成本最高，一來因為電線、喉管多，二來因為除了地板外，牆身都會鋪上瓷磚，同樣道理，如果要剷走瓷磚、盪平、做防水、再鋪磚，很大工程，不但成本高，而且要花很長時間，動輒要兩個月，很多時候都會用化妝技巧。低級的化妝，你會見到牆身的瓷

磚有不同的顏色、花款，明顯曾作修補。高級的化妝，或會在現有瓷磚上再鋪一層瓷磚，要細心看才見到，長遠容易剝落。

此外很多化妝師會用翻新、噴油的方法，睇樓的時候，如果你發現廚房、廁所的牆身非常潔白，白到連磚與磚之間的邊都沒有污漬，有可能是做過噴油翻新。馬桶、洗手盆、浴缸亦可以用這種方法翻新，同樣看看膠邊是否完美潔白就知道。

假天花

最常見、最被人接受的化妝工具，廚房、廁所濕氣重，油漆牆身、天花容易剝落，如果樓上有漏水，甚至現鋼筋。如果想看看假天花有沒有問題，請帶備電筒，輕輕推開假天花查看。

水電

很多用家買二手樓，都會關心電線、水喉有沒有更換。

事實上很多舊樓，水喉、電線已經用了幾十年。有些舊樓，明刀明槍，電線亂飛，明顯地要花一筆錢更換。

新的水龍頭，不代表全屋喉管已經更換。

睇樓的時候，可以試試開開水龍頭，看看水質有沒有發黃、污濁，亦看看水流是否夠流暢，如果發現是「滴滴仔」，代表水壓有問題，或要更換喉管，價錢不便宜。

新的電掣，亦不代表全屋電線已經更換。

還過黑人化妝師，全屋電掣是新的，但是很多電掣根本就沒有電，怎麼知道？前輩分享以前睇樓，會帶備風筒，即場試插掣開風筒，但這樣做未免太明顯了。今天不需要帶風筒，我們都有手提電話，有充電器，試試能否充電就可以了。

不尋常設計

化妝很多時候是會用掩眼法遮掩問題，例如筆者曾經睇過一間村屋，住客已經搬走，全屋空空如也，唯獨是客廳有一個貯物櫃，筆者覺得很奇怪，不出所料，移開貯物櫃，背後的牆身有一條明顯的裂痕。又有一次，牆身貼上膠地板，看似特色牆，摸一摸有點濕，原來是牆身有滲水，如果見到某幅牆，背後是窗、廁所，忽然貼上膠地板、瓷磚，不妨查看一下。

最近筆者收過一個單位，廚房瓷磚破裂，於是上手業主在上面釘木板，再貼貼紙，還要用豹紋，盲都知化妝，哈哈！

化妝手法層出不窮，十本書都寫不完。

以上是一些常見的跡象，各位讀者宜舉一反三，總之見到不尋常的情況，就要多加留意。看見完美的全新裝修，亦要小心。不是說靚裝修就有問題，只是保障自己而已。

化妝術，不一定是壞事。

事實上，筆者投資過多個物業，功多藝熟，亦可以算得上是一個物業化妝師，化妝只是一種技術，用極低的成本，創造極佳的視覺效果。如果是黑心業主，有心用化妝術欺騙買家，掩飾物業的問題，當然是壞事。如果是良心業主，純粹用化妝術來美化單位，讓買家節省裝修成本，雙贏！還有很多更高的化妝技巧，可以幫你裝修慳好多，在裝修班再跟大家分享。

如果你是上車新手，是用家，更加要學。

說實話，這只是你第一層樓，你不會跟它「做人世」的，將來賺到錢，你就會樓換樓，搬到更大地方，又或者跟我們一樣，你會賣走這層樓，拿著第一桶金，一間變兩間、兩間變四間，晉身物業投資者的行列。既然只有幾年緣份，何必花幾十萬大裝修，花十萬八萬，住得舒服，不就可以了嗎？

單位有漏水……是否不能買？

朋友：「你哋買嗰啲二手樓，一般係幾年樓呢？」

筆者：「有新有舊，大概 30 年上下會比較多。」

朋友：「我都想買……30 年樓，怕唔怕會有漏水呢？」

筆者：「放心，唔使驚，定啲嚟……一定漏！」

朋友：「吓？！咁你都買？」

筆者：「30 年喎，人都皺皮啦，老化漏水好平常啫！」

朋友：「你唔驚㗎咩？」

筆者：「裝修得多你就唔驚㗎啦！」

筆者教二手樓化妝的時候，都會要求學生記住這句話。

放心，唔使驚，定啲嚟……一定有問題！這就是二手樓！

漏水是二手樓最常見問題，幾十年，喉管老化很正常！

通常漏水指數最高有兩個地方，一是洗手間，一是窗邊。

洗手間是全屋濕氣最重的地方，尤其是浴缸、淋浴間，如果來去水位的喉管老化、滲漏，防水工程做得不夠徹底，就很容易會出現漏水的情況，浴缸、淋浴間後面的牆身、地板都會受到影響，像右方圖片，是

2010 年筆者買入的其中一個得寶花園單位，浴缸漏水，令牆身發霉、地板發黑，睇樓時要留意。

有朋友問，為甚麼漏水都買？

第一，筆者不覺得是嚴重問題，當年筆者只花幾萬元裝修就解決了。第二，買入的時候，已經比市價便宜一成多，當時市價 170 多萬的單位，筆者 150 萬就買到了。去年最高峰的時候，這些單位成交價高逾 400 萬，5 年升近 2.7 倍！買二手樓，問題一定有，最重要是否能解決，與及能否又住又賺。

另一個最易漏水的地方是窗邊。

原因有很多，例如外牆有裂痕，又或者窗邊的膠邊老化，睇樓時留意窗邊有沒有水漬，嚴重的甚至會出現油漆卜起、剝落，較難根治，如果不太嚴重，可以化一化妝，定期批灰、補油，如果見到鋼筋浮現，有機會影響結構，新手最好避免。

呎數重要？間格更重要！

朋友：「兩間都係 280 呎，有乜分別啫！」

筆者：「梗係唔同啦，兩個單位的則相差好遠！」

朋友：「有乜分別呢？」

筆者：「呢間，三尖八角，點睇都只可以做一房。」

朋友：「280 呎係咁上下啦！」

筆者：「呢間，四四正正，原則都有兩間房。」

朋友：「係喎，實用面積一樣喎，乜爭咁遠呢？」

筆者：「間格好唔好用，價值相差好遠！」

二手樓其中一個優點是比較實用。

實用面積約 200 呎至 300 呎的單位為例，大部份新樓只可以做開放式，然而二手樓很多都可以做一房。去到實用面積 300 呎到 400 呎的單位，新樓最多只可以做一房，很多二手樓已經可以做到兩房，稍花心思甚至可以間三房。所以即使呎價相差不遠，很多家庭客仍然喜歡住舊樓，空間比較好用。

買得二手樓，買家都希望用較低價錢，換取較多空間。

所以睇樓的時候，不要只顧看死資料，多少呎、多少錢，間格的影響亦非常大。例如筆者之前曾經買過一個位於長沙灣的小屋苑寧大廈，大廈主要有兩種則，一種比較小，實用約 222 呎至 224 呎，一種比較大，實用約 239 呎。最初筆者很奇怪，理論上面積越大，應該越貴，然而當時的市場，面積大的賣 150

至 160 萬，面積小的反而賣 160 至 170 萬，而且很少放盤，為甚麼會出現這種情況呢？原來面積小的一種比代理叫方廳則，比較方正好用，比較大的一種代理叫長廳則，空間感更細。

再說新式屋苑，例如筆者曾經住過的大角咀港灣豪庭，同樣是 350 呎左右的單位，新樓只能做到一房，它卻可以間兩房，而且每間房都可以放得下 4X6 呎雙人床。雖然樓齡已 13 年，位置亦有點遜色，但一直都很受歡迎，今次跌浪價錢相對硬淨。

或者有朋友會問：「350 呎間兩房，咁咪好細囉！」

當然，要做到這個效果，房、廳、廚、廁，一定會每個地方偷些少位，空間感比較細，雖不知道 1000 呎間兩房好？買得起才說吧！買樓成本是很高的，尤其新手上車，難免要將貨就價，多間房用，始終有優勢，最少客源更闊，試想想一個小家庭，兩小夫妻，加一個小朋友，一個工人姐姐，難道住一房嗎？孩子跟工人姐姐瞓廳嗎？雖然空間不多，但兩房就是兩房。

如果買樓自用，當然挑自己喜歡的，如果想做到又住又賺，就必須考慮到將來出售時，市場的接受程度。如果同樣 300 呎，一間一房，一間兩房，筆者就會傾向揀兩房的。

間格改動⋯⋯會有風險嗎？

朋友：「個開放式廚房好靚喎！」

代理：「係呀，之前廚房同廁所响嗰邊，業主改咗過嚟！」

朋友：「咁大改動有冇問題㗎？」

代理：「有乜問題吖，個個都係咁改㗎啦！」

朋友：「唔係喎，好似開放式廚房係唔可以有明火㗎喎！」

屋宇署的規例非常嚴格，很多裝修設計都違例。

很多室內設計節目，設計師都會將廚房改做開放式，甚麼令到空間感更大，光線更充足等等，絕大部份情況下都屬於僭建。廚房是整個單位裡，最易發生火警的地方，因此規管尤其嚴格，例如廚房的牆及門，都要符合消防安全條例，經過耐火測試，於火警發生時延緩火勢，因此擅自拆牆、拆門，改小巴門、摺門、玻璃門等非耐火物料，均已違例。最基本是如果做開放式廚房，不可以用明火煮食，睇樓的時候要留意。

除了廚房，很多細節都屬於違例，例如安裝廳、房冷氣機的時候，要用到三角架將伸出窗外，亦是僭建，還有簷篷、晾衣架等等，亦是僭建；因此除非是全新樓，或者是半新樓，單位從來未裝修過，若幾十年樓，裝修過幾次，很多時候都會違例。

如何得知一個單位有沒有改動過呢？

最簡單的方法，是問代理索取該樓盤的平面圖，細心比較平面圖及現場環境的分別，有些舊樓、單幢樓找不到平面圖，你可以到屋宇署的網站「百樓圖網」

尋找，大部份樓宇的圖則都有，電子檔案查閱費用 36 元，訂購核證圖則副本每張 42 元。如果覺得使用這個網站有點困難，可以直接到屋宇署索取。

資料來源：屋宇署「百樓圖網」

　　由於間格改動非常普遍，很多時候一些輕微的改動，例如廚房門拆了換上摺門，要還原都很容易，銀行方面只要簽一份還原承諾書，一般可以過關。如果改動嚴重，例如間成多間套房，有多個廁所，來去水、渠位亂走，多數不能過關。再提一次，如果業主在臨時合約上寫上「買家知道單位間格曾經改動，不會因此而取消交易或扣減樓價」等條款時，必須小心，一來銀行見到這些條款特別敏感，二來亦封殺了日後商討的機會。

樓層⋯⋯越高越好？

朋友：「代理介紹咗兩個單位，價錢差唔多，唔知點揀。」

筆者：「景觀有乜分別？」

朋友：「冇乜分別，都係城市景，不過幾開揚。」

筆者：「裝修呢？」

朋友：「差唔多。」

筆者：「既然係咁，揀個高層啲啦！」

在香港，樓層越高越值錢。

可能因為香港生活環境比較密集，高層單位視野比較開揚，較受買家歡迎，因此高低層的估值相差很遠。其他地方不同，例如台灣朋友，就對高層單位沒有太大的好感，一來地方沒有那麼壓迫，二來有地震，高層不方便逃跑。在香港，一般細單位，每高一層，估值隨時高 2、3 萬元，樓市暢旺的時候更進取，一層一層加上去，10 樓的單位跟 30 樓的單位，估值隨時會相差接近 50、60 萬！事實真的差那麼遠？

經常聽見有朋友說，比估價低幾十萬，劈價很利害啊！

熟悉樓價估值的投資者就會知道，很多高層單位，估值都會偏高，要低過估價成交，其實不難。如果高層是靚海景，低層是樓景，當然合情合理。然而有些樓望樓的單位，無論是 10 樓，還是 30 樓，景觀差不多，相差幾十萬未必合理，劈價亦不難，所以不要被「平過估價幾十萬」誤導，不過很多人不懂得計這條數，只要跟他們說估凸價就很開心，將來出貨較容易。

從自用角度看，不一定越高越好。例如頂樓單位，夏天的時候會比較熱，而且比較容易出現漏水的情況，樓價會被扣分，反而頂樓對落一層，樓層又高，又沒有過熱、漏水，市場價值最高，被稱為「鳳凰樓」。又例如有些大廈的頂樓單位，電梯是不到的，例如樓高 20 層，電梯最多只到 19 樓，我們稱之為「頂樓上一層」，每天返家都要走一層樓梯，對很多女士或者家庭住客來說，都不方便，扣分要更多。

又舉例，很多大型屋苑都有自己的內園，試想想，如果你的單位是 30 樓，怎麼看到平台花園呢？從窗戶探頭出去？小心掉下去變成凶宅啊！大約十多樓的中低層單位，園景可能更靚。

景觀重要，還是坐向重要？

有次到大陸睇樓、買樓……

筆者：「01 單位個景觀好似靚啲喎，仲有冇呀？」

代理：「有，淨番好多揀，反而 02 單位就賣晒。」

筆者：「點解呢？01 單位全河景，02 單位遮咗少少喎！」

代理：「02 單位東南向吖嘛！」

筆者：「原來大陸買家咁重視坐向……」

然而在香港，據筆者觀察，坐向影響力不及景觀。

上一代重視坐向，記得兒時筆者第一次搬家，搬到港島西一個臨海的小屋苑，老媽有全海景單位不要，竟然要一個向樓、向電車路的單位，看見鄰家的全海景，羨慕死了！老媽的理論是千金難買向南樓，向南的單位東暖夏涼，最難得。向西的單位會有西斜，日落時會很曬、很熱，向北的單位冬天會很大風云云，近年買家的口味明顯有很大轉變，靚景單位的賣價更高。

所謂靚景，最受歡迎的當然是海景，其次就是山景、園景，尤其是在市區，樓宇密度高，靚景更可貴，莫說海景、山景、園景，只要不要太壓迫，稍為開揚，就已經很滿意了。然而這些所謂靚景，是有機會改變的。例如市建局的煥然壹居，最初公佈這個項目的時候，很多朋友都雙眼發光，甚麼環迴海景。到開售的時候，適逢樓市下跌，放棄揀樓的準買家很多，市場用滯銷來一形容，其實再到地盤附近走走就知道，旁邊很多樓盤陸續動工，加上早已建成的啟晴邨、德朗邨，煥然壹居已經被重重包圍，多少單位還可以享受靚海景呢？

之前筆者住過紅磡海濱南岸，剛剛搬進去的時候，部份座數擁有維港靚景，過了不久，前面的地盤開始動工，轉眼間就建成了今天的維港星岸，影響最嚴重的一座，不但沒有了煙花海景，甚至變成近距離的樓望樓，物業價值亦受影響，超中伏了吧！如果你都喜歡靚景，最重要查清楚物業四周的發展；如果前面有地盤或有爛地停車場，必須要小心。如果要求不高的，最穩陣可算是內園景，中低樓層就可以，價錢亦較便宜。

大廈質素怎麼看？是否已做大維修？

代理：「呢個盤筍呀，20 幾年樓咋！」

朋友：「吓！20 幾年？唔係化？外牆咁殘嘅？」

代理：「保養得唔好啫，過幾年做完大維修咪靚仔囉！」

朋友：「會唔會要挾好多錢㗎？前面嗰幢呢？幾靚仔喎！」

代理：「嗰幢 40 年啦，不過做完大維修，都幾新淨。」

朋友：「吓！接近 40 年？唔係化？望落好似廿幾年咁！」

代理：「哈哈！係呀，有時樓都唔可以貌相！」

除了單位裡面，睇樓的時候亦要留意大廈的質素。

尤其是單幢樓、小屋苑，質素更參差，若大廈管理得好，四十年樓一樣可以有型有格，例如灣仔、銅鑼灣、油尖旺等舊區單幢樓，吸引不少上班族、老外租住，中上環、西環等更有不少舊唐樓被包裝成為藝術品；若大廈管理不善，廿多年樓已經殘殘舊舊，甩頭甩骨，有如鬼屋，沒有最鬼，只有更鬼。

經常聽見人問：「做咗大維修未？」

好多朋友會問：「幾多年嘅大廈要做維修？」

其實只要大廈有問題，無論幾多年樓齡，都要進行維修，如果沒有甚麼大問題，大約 30 年左右就要做強制驗樓，通常都會發現很多問題，立案法團就會順道申請資助做大維修。

以下是節錄自發展局的新聞公告……

⋯⋯在二〇一二年全面展開「強制驗樓計劃」及「強制驗窗計劃」，以「預防勝於治療」的理念，規定業主為其樓齡達 30 年以上的物業驗樓及樓齡達 10 年以上的物業驗窗。「強制驗樓計劃」規定業主每隔 10 年須在指定期限內就樓宇的公用地方、外牆、伸出物及招牌，委任一名註冊檢驗人員進行訂明檢驗和委任一名註冊承建商進行檢驗後認為需要的訂明修葺工程⋯⋯

揀大廈外觀，外牆要離遠才看到，未必對每幢大廈都有很大影響，例如有些街道比較窄，要 90 度抬頭才看到。以筆者的經驗來說，大廈的入口大堂，因為住客每天都要經過，都要在這裡等電梯，切身感受，更為重要！所以將來有機會開業主大會，投票做大廈維修，寧願慳外牆也不要慳大堂，哈哈！

大廈大堂予人印象深刻，無需豪華，但要光猛企理。

如果大廈初步看上去很殘舊，不要緊，可能是寶藏！

先了解一下大廈的樓齡是否已到 30 年，業主立案法團是否已經在商討做大維修，維修包括那些部份？是否包括外牆及大廈入口大堂？如果準備進行大維修，而業主又肯平賣給你，不妨認真考慮，做完大維修、大翻新之後，大廈就會升值！

除了大廈外觀、入口大堂，還要看物業管理質素。

走進大廈大堂的時候，留意一下大堂質素，硬件部份，例如有沒有甩甩漏漏，污污穢穢，軟件部份，例如管理員的衣著、工作態度、與鄰舍的關係等，

例如某朋友的單位，大廈的夜更管理員懷疑情緒有問題，例如鄰舍有朋友到訪，按管理處門鐘，要他幫手開門，他就會大發牢騷，最後被炒了。

除了管理處、管理員，亦要看看電梯及後樓梯。

　　尤其是後樓梯，是否乾淨企理？還是佈滿雜物？不但反映管理公司的做事態度，亦反映鄰舍的質素。此外亦可以留意一下其他單位鐵閘及大門，有沒有劏房？出入的鄰舍是甚麼人？去年筆者睇過一個單位，近 400 呎，連一個天台，再連一個空中平台，只賣 350 萬，走進單位，非常心動，然而樓下是舊式舞廳，電梯及後樓梯到處都被劃花，鄰居門口還有幾個大字「內有惡犬」，江湖味濃，令筆者退縮，如果自住，更要留意。

單位是否有負面因素？小心中伏！

代理：「有個筍盤，極高層，銀行估 360 萬，叫 330 萬！」

朋友：「最近有乜成交？成幾錢？」

代理：「最近成咗個低 5 層，350 萬！」

朋友：「有冇咁筍呀？殘裝？」

代理：「唔係……因為佢係頂樓。」

朋友：「漏水漏得好嚴重？」

代理：「都唔係……因為佢係 22 樓，電梯只係到 21 樓。」

朋友：「哦……電梯唔到，唔怪得啦！」

　　筆者稱這些單位為「頂樓上一層」，沒有深究原因，或者是因為高度限制，或者是因為結構原因，電梯的機樓不是在天台，而是在頂層，令到電梯只能到頂層對落一層，不少舊式的大廈甚至大型屋苑，都會出現這種情況。由於住戶出入要行一層樓梯，老人家、小朋友、婦女出入都會略嫌不便，因此筆者會略扣分。筆者曾經睇過一個位於土瓜灣，面向啟德機場的單位，景觀非常漂亮，然而單位就在天台的一層，感覺有點像天台屋，查閱查冊又確實有這個單位存在，怕將來難賣，所以不敢買。有時銀行估價沒有紀錄，按正常單位估價，不準！估這些單位，必須同時估對落一層相同單位，應該有一成左右折讓。

另外，有些極低層單位也得留意。

　　話說有兩個單位放盤，同樣是 6 樓，一個很快就賣了，另一個價錢平 20 萬，但放了半年都賣不到。後來筆者發現原來前後座的分別很大，前座向大街，雖然有點嘈，但總算光猛企理，後座向後巷，因為樓下有食肆，不但看見幾個大煙囪，還有食肆員工在洗碗，又濕又污穢，說不定還會有老鼠蟑螂。

　　另外又睇過不少單位，大約是二、三樓，面對著樓下單位的簷篷，長期堆滿垃圾沒有人清理，難以忍受。旺市的時候甚麼樓盤都能賣，然而當市況逆轉就很難出手了。其中有一次，跟幾個同學一起去睇一個類似的單位，代理仍然振振有詞。

代理：「周圍都 330 萬以上，呢間 298 萬咋，去邊度搵？」

同學：「望出去環境好差喎！」

代理：「唔好打開窗咪得囉，平時都係開冷氣㗎啦！」

同學：「有窗但係唔可以打開？有冇人租㗎？」

代理：「間兩個套房，都唔知幾好租，好多套房都係咁！」

非住宅契……便宜很多，值得買嗎？

筆者：「最近 XX 大廈有冇筍盤放呀？」

代理：「有呀，啱啱收到間 360 呎，250 萬！」

筆者：「唔係呀？其他最少開 330 萬，佢開 250 萬？」

代理：「放心，唔係凶宅，有匙呀，上去睇吓先啦！」

於是筆者就跟代理上門睇睇這個所謂超筍盤。

單位位於 XX 大廈一樓，說實話，開價那麼便宜，早就有低層的心理準備，走進單位，奇怪，為甚麼樓底這麼高呢？之前睇過的單位只有九呎，今次這個單位樓底超過十呎。再細心觀察四周，同一層樓有兩家教會，還有一間補習社，明了！幾十年前，為了照顧小區內的居民生活需要，很多大廈的基座幾層，都會預留作商業用途，外觀上或跟樓上的住宅沒有多大分別。

第一，根據現時政府的辣招，買非住宅物業，包括工廈、商廈、舖位、車位等等，最多只可以借 40% 按揭！將來你要賣出去的時候，下手買家只能借 40%，被殺價是正常的！

舉例， 330 萬的物業，最高按揭，最低首期的分別是：

◇ 住宅用途單位：330 萬 X 10%= 33 萬

◇ 商業用途單位：330 萬 X 60%= 198 萬

◇ 即使它賣 250 萬：250 萬 X 60%= 150 萬

第二，買住宅物業，如果你是首置，即是手上沒有其他住宅物業，印花稅是以從價印花稅計算，300 萬物業是 1.5%，即是 4.5 萬元，非住宅物業，無論是否第一套房，都要付雙倍印花稅 DSD，厘印費由原本的 4.5 萬，提高至 9 萬元，交易成本較大！關於印花稅的計算，往後的章節再詳談。

第三，非住宅用途是不能居住的，代理說「之前兩手租客都是住人」其實是違例的，情況就像住在工廈單位一樣，有機會被檢控、釘契甚至收回物業，招致損失。

如果想知道這個單位是否住宅，可以怎樣翻查？

　　一般買樓，代理都會出一份資訊聆予買家參考，即是差餉業物估價署提供的物業資料，除了有該單位的實用面積，有沒有附加面積，例如露台、窗台、天台等，還有清楚說明單位用途，甚至整幢大廈不同層數的用途，那層是商業，那層是住宅等。

　　前輩教路，資訊聆的資料，不是 100% 肯定正確的，如果有懷疑的話，必須再進一步查閱相關文件，如物業查冊，當然這不是買家的認知範疇，你的代理、律師都有責任幫你查清楚。

土地註冊處 THE LAND REGISTRY　　　　印製編號 PRINT CONTROL: 7654324

土地登記冊 LAND REGISTER

印製於 PRINT AT: CUSTOMER CENTRE

查冊日期及時間 SEARCH DATE AND TIME: 01/04/2005 14:30

查冊者姓名 NAME OF SEARCHER: X

查冊種類 SEARCH TYPE: HISTORICAL AND CURRENT

本登記冊列明有關物業截至 01/04/2005 08:30之資料
THE INFORMATION SET OUT BELOW CONTAINS PARTICULARS OF THE PROPERTY UP TO 08:30 ON 01/04/2005

權益土地紀錄以供市民查閱讓首能簡便及有對於核查不動產及不動產業權的方法，土地記錄內載的資料不得用於與土地記錄的宗旨無關之目的，使用所提供的資料須符合（個人資料（私隱）條例）的規定。

The land records are kept and made available to members of the public to prevent secret and fraudulent conveyances, and to provide means whereby the titles to real and immovable property may be easily traced and ascertained.The information contained in the land records shall not be used for purposes that are not related to the purposes of the land records.The use of information provided is subject to the provisions in the Personal Data (Privacy) Ordinance.

物業資料
PROPERTY PARTICULARS
****

物業參考編號
PROPERTY REFERENCE NUMBER (PRN): A4567890

| 地段編號
LOT NO : | SUB-SECTION 1
OF SECTION C
OF KOWLOON MARINE LOT NO.53 | 批約 HELD UNDER : GOVERNMENT LEASE
年期 LEASE TERM : 75 YEARS RENEWABLE FOR 75 YEARS
開始日期 COMMENCEMENT OF LEASE TERM: 25/ 9/ 1899
每年地稅 RENT PER ANNUM : $1,840.00 |
| 地段編號
LOT NO : | THE REMAINING PORTION SECTION C OF
KOWLOON
MARINE LOT NO.53 | 批約 HELD UNDER : GOVERNMENT LEASE
年期 LEASE TERM : 75 YEARS RENEWABLE FOR 75 YEARS
開始日期 COMMENCEMENT OF LEASE TERM: 25/ 9/ 1899
每年地稅 RENT PER ANNUM : $682.00 |

所佔地段分割　1/32
SHARE OF THE
LOT :

物業地址　　FLAT G ON 2ND FLOOR
ADDRESS:　　NO.11 WAN LOK STREET
　　　　　　KOWLOON

備註
REMARKS:　　NEW RENT UNDER GOVERNMENT LEASES ORDINANCE FROM 25/ 9/ 1974 IS $62 P.A. (P.905)

業主資料
OWNER PARTICULARS
****

業主姓名 NAME OF OWNER	身分 (如非唯一擁有人) CAPACITY (IF NOT SOLE OWNER)	註冊摘要 編號 MEMORIAL NO.	文書日期 DATE OF INSTRUMENT	註冊日期 DATE OF REGISTRATION	代價 CONSIDERATION
CHOW SIU FAI	JOINT TENANT	UB262531	6/ 6/ 1957	12/ 6/ 1957	$1,117,696.74
CHOW WAI PO	JOINT TENANT	備註 REMARKS : ASSIGNMENT OF KML 53 S.C. SS.1 AND KML 53 S.C.R.P.			

RATING AND VALUATION DEPARTMENT PROPERTY INFORMATION ONLINE

差餉物業估價署「物業資訊網」

記錄編號
Record :
1 / 1

估價編號
Assessment No. : 294-18510-4214-0G

資料提供日期
Date of Provision of Information : 9-Aug-2015

最早簽出伙文件日期
Date of Issue of the Earliest Occupation Document : 23-Mar-1978

時間
Time : 12:37:08

面積換算率
Area Conversion Factor : 1 平方米 = 10.764 平方呎
1 m² = 10.764 ft²

差餉物業估價署所提供的資料 Information provided by Rating and Valuation Department

交易參考編號
Transaction Reference Number :
RVD15060913471B5

物業地址或名稱:
Address or description of tenement :

物業資訊網入伙文件
對照編號
PIO Serial Number of Occupation Document :
018635

就差餉或地租評估的物業類別:
Property Type for Rates or Government Rent Purposes : 私人住宅物業
Private Domestic Property

實用面積
Saleable Area : 37.6 平方米 m²   405'

* 計算本物業的「實用面積」時，當採納的牆身厚度最多
  不超逾 230 毫米。
  A maximum wall thickness of 230 mm is adopted
  in calculating the 'Saleable Area' of this property.

樓面資料最後更新日期
Last Update Date of Floor Area Information : 11-Feb-2009

物業資訊網 PROPERTY INFORMATION ONLINE

物業資訊網入伙文件對照編號
PIO Serial Number of Occupation Document : 018635

入伙紙所載資料 Information contained in Occupation Permit

物業地址或名稱:
Property address or description :

入伙紙編號
Permit Number : NK 34/78

入伙紙發出日期
Permit issued on : 23-Mar-1978

屋宇署檔案號數
Buildings Department's Reference Number : 2/4333/72

入伙紙類別
Permit Type : FULL PERMIT

許可物業用途
Permitted occupation purposes :

Commercial/Residential Block
Ground Floor : 12 shops, 1 transformer room, 1 switch room and 4 pump rooms for non domestic use.
1st to 3rd Floors : 8 offices per floor for non-domestic use.
4th to 20th Floors : 16 flats per floor for domestic use.
21st Floor : 16 flats for domestic use and 2 cleaner's closets for non-domestic use.
22nd Floor : 10 flats for domestic use.
23rd Floor : 10 flats for domestic use and 1 lift machine room for non-domestic use.
24th to 26th Floors : 10 flats per floor for domestic use, and 1 store per floor for non-domestic use.
27th Floor : 10 flats for domestic use and 1 lift machine room for non-domestic use.
28th to 30th Floors : 8 flats per floor for domestic use.
Pent House Floor : 8 flats for domestic use.

有租約，但可以交吉……值得買嗎？

代理：「有個筍盤，有租客，冇樓睇，有冇興趣？」

筆者：「租約到幾時？」

代理：「死約完咗，生約仲有幾個月。」

筆者：「交吉得唔得？」

代理：「可以傾……」

有租約、有租客，不代表要連租約買的！

連租約買賣的相反情況，就是交吉，意思是沒有租客，以一個空置單位的狀態交給你。正如前文所說，銀行評估一個物業是否用作自住，最重要是看物業是否交吉。只要物業是交吉交易，而你買樓是自住，就可以符合借高成數按揭的標準。

例如上述情況，死約已經到期，生約仲有幾個月……

所謂死約期，意思在某段時間內，業主、租客均不能單方面要求終止租約，否則對方可追討餘下租約損失。現時市場上一般住宅租約為期兩年，首年是死約期，如你租了半年，業主就要求你搬，你絕對有權不搬，或要求業主作出合理賠償，相反如果你要求提早搬走，業主有權追討餘下半年租金。至於第二年，一般為生約，比較靈活，例如業主、租客都可以提早一個月通知，就可以終止租約。租約條款多變，往後有機會再談。

之前提到的情況，為甚麼要買冇樓睇的物業？

絕大部份小市民買樓目的是自住，一生人可能只會買賣兩、三次，對物業買賣並不熟悉，幾百萬買樓，冇樓睇……過不了心理關口，因此冇樓睇的物業，競爭者會比較少，價錢或較便宜。同時間，死約已經完結，意思是業主有機會可以終止租約，收回物業，然後交吉賣給你，你亦可借高成數按揭，一舉兩得。

問題是……冇樓睇！怕嗎？

對於新手上車，確實會擔心，對投資者來說，已經習以為常。第一，他們最擔心將來收樓之後，發現裡面殘破不堪，然而這只是裝修問題，只要價錢夠平，例如全屋大裝修要 20 多萬，業主平 50 萬賣給你，還有甚麼好怕呢？第二，他們怕買入的單位景觀、內籠不似預期，其實只要代理幫忙，在樓上樓下，隔離左右找個類似的單位給你看看，推斷買入單位的情況就可以。第三，部份業主出租前會拍照片、Video，租客住了一段時間，可能會有折舊，不過亦可以作參考。但要注意！！有時業主為了保障自己，會在合約上寫上「如果完成交易當日租客未能搬出，此物業將以連租約交易」等類似條款，銀行在審批按揭時有機會視之為連租約，只批 50%，小心中伏！

父親送樓給兒子，平賣！……值得買嗎？

讀者來信

　　Anthony Sir、Ann 姐你們好，最近我到深水埗睇樓，代理介紹了一個樓盤給我，近東京街，約 30 年樓齡，中層開揚，裝修也不算太差，相信只要翻新一下就可以住了，最重要是價錢平，實用面積約 380 呎的單位只叫價 330 萬元，有機會可以傾到 320 萬元，代理又帶我睇過同一屋苑其他單位，低層叫價都要 350 萬元了，高層單位最近更成交 360 萬元呢，實在令人非常心動。我問他為甚麼業主願意平售，他說這個單位是業主的爸爸送給他的，最近輸了股票急等錢用，你覺得這個單位如何？

回覆讀者來信

　　幸好你問一問，這個單位不能買啊！

　　筆者不知道這位代理是否真的不懂，事實上筆者遇過不少代理都不知道，也不否定這位代理別有用心，他輕描淡寫的告訴你這個單位是業主的爸爸送他的，還問你有沒有問題，原則上已披露了實際情況，但沒有提醒你有關風險，如果你回覆沒問題，甚至寫在臨時買賣合約上，那就麻煩了。根據你的描述，單位是業主的爸爸送他的，在物業買賣上這屬於送契樓，如果你買入這個物業，基本上是沒有銀行會造按揭的，換句話說，預備 330 萬元現金全數支付！中伏了！

送契樓業權受到「破產條例」規管，簡單來說，假如 A 知道自己即將要破產，破產前將物業轉贈予 B，破產期滿後，B 再將物業轉贈予 A，豈非不用還錢？為免這種透過轉贈資產避免債務責任的情況發生，如果你買入的是送契樓，五年內如果送贈者破產，期間所有交易就會無效，破產受託人就會收回你的物業，為送贈者還債，到時你就本無歸了！

對銀行來說，就算你失業，無錢供樓，銀行可以把物業收回拍賣，還得幾多就幾多。然而送契樓，業權不清，萬一送贈者破產，物業被破產官收回，銀行亦會損失慘重。所以很多時候家人之間的物業轉讓，都會採用買賣形式多於送贈，必須留意，如果買賣價遠低於市場估值，例如市值 300 萬元，你父母以象徵式 100 萬元賣給你，亦有機會被視為送契。如果你想買這個物業，首先要知道甚麼時候送契？是否已經超過五年？如果已經超過五年，還有機會可以做到按揭，但不是每間銀行都願意借的，正所謂⋯⋯多一單唔多，少一單唔少，尤其旺市的時候，不急於開單，何必冒險？

遺失部份樓契，平兩成，值得買嗎？

朋友：「代理介紹咗個筍盤，開價就平兩成！」

筆者：「個代理 Friend 唔 Friend 㗎？」

朋友：「啱啱識㗎咋！」

筆者：「咁肯定有古惑，有咩問題？」

朋友：「正想問你，佢話樓契唔見咗一部份。」

筆者：「咁大單？！咁唔怪得咁平啦！」

朋友：「冇得補㗎咩？」

筆者：「如果咁易補得到，佢就唔會平咁多俾你啦！」

去年同學收到這個盤，覺得不尋常，馬上開 File 研究。

話說同類型單位當時時價大約 360 萬，然而這個單位只開價 300 萬，業主表明若有誠意價錢可以再談。劈價兩成，還可議價，肯定大件事！原來，單位部份樓契不見了！據律師所說，樓契有些部份有得補，有些部份無得補。若遺失了重要部份，而無法補回，銀行不會承做按揭，將來亦未必有人買；除非價錢很便宜，打算買回來收一世租，否則還是忘記它好了。

樓契是很複雜的，除了重要的文件，還有每次買賣的紀錄，每次買賣都有一疊文件，如果單位買賣的次數多，文件就會一疊一疊的疊上去，一些熱門的單位，樓契可以由地下疊到上腰間！當中有部份遺失了，亦不是甚麼奇怪事。有些文件是政府文件，例如關於整幢大廈的、整個地段的，可以向有關部門取回，筆者亦曾試過。至於關於個別單位的，一般重要的買賣文件，都會在土地

註冊處存檔。如果文件是你遺失的，你可以先到律師樓宣誓，說明遺失的經過，然後向土地註冊官申請取回這些文件的核實副本，銀行有機會接受。如果文件不是你遺失的，就要追溯到遺失的源頭，例如是上手再上手的業主遺失的，就要找到當時處理的律師處理，你可不是他的客人，如何幫你？難度很高。

這些物業，新手就別沾手了。

除此以外，為免事件發生在你身上，有兩點要注意。第一，買樓的時候，你需要一位盡責的律師，幫你細心查閱所有的文件是否齊備，不要貪便宜。第二，無論你多有錢，買樓的時候都盡可能避免全數付款，多少都要跟銀行借點按揭，只要你借按揭，銀行就會幫你從頭到尾細心審閱一次，看看有沒有問題。最重要是樓契會放在銀行，放在家裡，實在太危險了！

天台平台多間屋……值得買嗎？

大約三年前，筆者與戰友去睇這個奇盤。

廣告上寫著「500萬、650呎、4房4套」，上到單位，果然不出所料，低層連平台，單位實用面積只有250呎，連入契平台300呎，另有不入契平台100呎，業主同時佔用，合共650呎，除了原本的兩房一廳單位，另外再於平台多間3個套房單位，走進屋內，穿過一個又一個套房，簡直就像走進迷宮！

戰友：「內隴得250呎，呎價咪成兩萬蚊？」

代理：「業主話可用面積等於內隴一倍，咪叫高一倍囉！」

戰友：「擺明呃新手啦！」

筆者：「我話直頭係扑傻瓜就真！」

代理：「咪係……邊賣到呢個價吖，即管睇吓囉！」

戰友：「等佢發完夢，肯落價再話我哋知吖！」

首先，天台、平台等價值並不是這樣計算的。

正常情況下，如果入契天台、平台的面積與單位相若，估值大約相等於單位的10~20%，視乎氣氛、條件而定，如果靚則、實用、優質的天台或平台，會被視為特色單位，備受追捧，成交價或再高10~30%。由於估值比較複雜，有漏水、塞渠等裝修問題，不是一般的上車新手可以處理，所以在這裡不多談了。

其次，僭建問題！近年政府嚴打僭建，尤其影響樓宇結構，比較嚴重的，很多銀行都不願意提供按揭。當屋宇署得知單位有僭建，並認為情況嚴重需要盡快處理，就會發出 Order，要求業主將單位還原，一般在物業查冊就可以見到。如屋宇署未發現，或認為情況不嚴重毋須即時處理，查冊或未有 Order，但不代表銀行就會借錢，新手上車遇到這個情況要特別小心。

如果單位有僭建，業主沒有披露，到最後買家發現，可以透過律師提出取消交易，然而有些業主為了保障自己，會在臨時買賣合約上，寫上類似「買家得知單位間格曾經改動，不會因而取消交易或扣減樓價」等相關條款，如果不小心簽了，買家未必能取消交易，唯有硬著頭皮付全數或撻訂！

如果單位的僭建問題嚴重，屋宇署已經發出清拆令，但業主不予理會，屋宇署或會將物業釘契！筆者以前有一個頂樓連天台的單位，由於上手業主在天台建了一間天台屋，一直有租客沒有處理而被釘契，後來租客搬走，筆者著手處理，過程挺複雜，聘用合資格工程公司，按屋宇署要求清拆，之後再通知屋宇署來驗收，再拿著合格證明申請解釘，新手還是避免為上。

釘契

所謂釘契，意思是有關單位，涉及法律責任仍未解決。

有關人士會向法庭申請押記令（Charging Order），再註冊到土地登記處，查冊就可見到。除了僭建，最常見的情況是欠債、訴訟等，例如筆者見過一個個案，業主欠交管理費超過一年，被業主立案法團釘契。理論上，被釘契的物業仍然可以進行買賣。作為買家，最保障自己的做法是要求買家在成交前處理好有關事項，將物業解釘，意思是解除釘契所引致的產權負擔，並在土地註冊處的紀錄中刪除，否則銀行有機會不批出按揭。嚴重的例如爭產訴訟等，律師樓甚至亦不願意幫做。

維修令

曾經有個案，朋友買樓申請九成按揭，適逢大廈維修，查冊上顯示有維修令，按揭保險公司質疑物業結構安全有問題，不欲批出高成數按揭，由 90% 按揭變 60% 按揭，大失預算！後來朋友向業主立案法團索取大廈維修的資料，包括維修的詳細內容，承建商報價、工程時間表等等，交予按揭保險公司，然後再透過銀行極力爭取，最後關頭才批出，抹一把汗。如果你將來買樓遇上大廈維修，要做好心理準備。

負資產

最近負資產個案急升，所謂負資產，意思是資不抵債，簡單來說就是物業的價值，不足以抵銷欠債。例如業主買了一個 400 萬的物業，借 90% 按揭，即是欠銀行 360 萬。若樓價下跌兩成，市值 320 萬，即使賣樓仍不足以償還按揭，仍欠銀行 40 萬，如果業主沒有 40 萬還給銀行，即使你願意付 320 萬，亦無法履行賣樓的責任，甚至一走了之，到時如何追回訂金呢？前輩教落，看查冊時要留意上手業主的買入價、時間，如果買入價遠高於賣出價，負資產的機會相對較高，要特別小心。

海外上車篇

前言：4招海外買樓新手置業必學

Ann 姐

　　港樓上車門檻高，多國貨幣高位回落不少，美元掛鈎的港元變相升值，購買海外物業成為港人爭取更高回報的真渠道。過去兩年我走遍馬來西亞、日本、泰國、韓國、中國等地熱門城市，實地觀察樓盤質素，對照大大小小海外物業展銷會。那些是誇誇其談，那些是真材實料、真筍盤總有點心得。

(1) 買樓旺區唔輸陣

　　海外買磚頭，如果你是新手想穩穩陣陣，可先考慮一個國家的熱門城市、旺區，尤其金融中心區。例如日本，東京港區多公司單身客多，不用擔心租不出。當然係人都知好的地段，樓價較高，回報未必筍，但最少可避免買入鬼城，賺錢夢一場空。想便宜又想升得快，花功夫不少得！經典道理，沒免費午餐。

(2) 短線投資 變長線投資

　　如果你一心買來海外物業賺大錢，一、兩年後升了即放……

　　I'm so sorry，你的如意算盤未必打得響！

　　請留意不同國家對海外買家的辣招，各地樓盤須付的稅項不同，購買前應了解清楚。例如，紐西蘭兩年內轉售非自住物業獲利，要支付高達 33% 的所得稅。馬來西亞規定海外投資者在吉隆坡只可買 100 萬令吉（約 189 萬港元）以上物業，還有轉售利得稅以及租賃所得稅，出售持有不足 5 年的單位，政府會收取 30% 利得稅，持有多於 5 年則收 5% 等等。

(3) 買樓落訂的比例

買海外樓花興起，注意訂金付款比例。有些付款方法是展銷會付 5%，三個月內再付 15%，收樓才付 80%。如果樓都未起好就要收取 50%、60% 或以上的訂金，要多加注意。

(4) 留意滙率

買海外樓，滙率的變動最令投資者注意。有危有機，近年新崛起的海外投資熱點，馬來西亞令吉是 17 年的低位，泰銖破 8 年新低，印尼盾接近 10 年谷底。有些人會趁低水分段買入貨幣及低位入盤。多留意滙價消息、國家取向及可能進行貨幣對沖，減低投資風險。

買日本樓防中伏及爆升區在哪兒？

不少人對日本樓有興趣，主要入場費不高容易上車。 東京和大阪是港人頭號最愛（最近也多了人留意較低水的福岡）。 如果現在到東京及大阪旺區買細單位入場費一般約 100 萬至 150 萬。相對香港的納米樓動輒 400 萬，憑這百多萬價錢已經可以一炮過付足日本樓價做業主。

我喜歡日本樓（也佔我的物業兩成比例），頻頻參加過香港和日本當地大大小小日本樓展銷會，基本上展示最美一面，例如吹捧未來的 2020 東京奧運和開賭場，這也是正常，你懂的。但買日本樓真的是有賺無賠？讓我們一起了解當中的有鹹有甜。

沉寂 30 年的日本開始翻生

八十年代日本經濟急速起飛時短暫出現過的現象，到九十年代很多日本人相信「政府永遠支持房地產」的神話，那時首都圈的物業升至天價，差不多一間百多呎單位是置業平均全年收入的九至十倍，供三代情況出現了。

在 2012 年日本總理安倍晉三再次擔任閣揆之後，為了挽救經濟困局，推出三個重要的經濟政策，分別是寬鬆貨幣政策、擴大財政支出、結構性經濟改革與成長策略。安倍政策帶動下，日元貶值，放寬對華簽證，又用永住權低門檻吸引外資來到日本做生意。你看你這刻買日本樓，也沒有「限購令」，日本實際是一個保護主義極強的國家，因經濟考量，現在變得積極鼓勵外國人投資當地房地產。

據日本不動產經濟研究所的 2016 年至 9 月調查，東京首都圈（東京及周邊地帶）的樓價升了 4.4%。 但注意首都圈是很大範圍，不要只用香港買樓角度去睇日本樓，不要以每呎樓面來衡量。投資日本樓，多數以單位租金回報率計算，另外準備購入之前，最好調查你想買的物業相若及附近租金回報。有時你買的連約單位，可能因為種種原因偏高，這樣你將來賣走物業時可能樓價未必是你所預期之內，中了「高追伏」。

爆升區在哪兒

日本 SUUMO 網發表 2016 及 2017 年日本人最想居住區域，包括有吉祥寺（JR 中央線）、惠比壽（JR 中央線）、横浜（京濱東北線）、目黑（JR 山手線）、武藏小杉（以前不太受歡迎、但近年走紅。武藏小杉是車站名，地址是神奈川縣川崎市中原區小杉町。有 JR 南武線）、池袋（JR 山手線）、中目黑、品川、東京站、渉谷等等。

品川區域可注意一件事，自 1971 年西日暮里站、京濱東北線繼 2000 年的埼玉新都心站以來，山手線再無增加過新站。於 2017 年，新站「品川新站」（暫名）正式動工（在品川站及田町站之間），預計 2020 年東京奧運時啟用。計劃中，新站旁邊其中大部份為辦公室、食肆與商業設施。相關單位希望充份利用前往羽田機場的便利性，打造「國際交流都市」。這次變化，品川在交通和新的大規模商業配套下，樓價值得留意。

品川駅

文京區收租勝短炒

東京文京區是大學名校區，其中亞洲大學之首的東京大學、早稻田大學和東京理科大學等。區內治安良好，鄰近 JR 山手線，交通便利，租場穩定。

文京區有東京巨蛋，是一座 45,000 個座位的多功能體育館。

2017 年我買了文京區一個百多呎單位用來自住，方便我出入東京。買的價位約百多萬，同座差不多樓層租金回報約 7 厘。朋友說不如租出去，我可以租民宿及酒店體驗不同住宿樂趣。我暫時睇法是人生走到某一階段，已經有自住樓又有些樓收租，能應付日常生活有餘了。我又唔係果種要贏得全世界先安樂

的人，生日買份自己喜歡的禮物給自己囉！我讀書一般，工作事業又一般。興幸熱愛鑽研不同投資工具的錢滾錢方法，叫做有啖飯食。感謝上天給我年青時認識投資的重要性「早識早上岸」。

話說回來，我買這單位都算做到「又住又賺」。投資者如何揀樓減少盲點？第一要做是買樓前做足功課及了解投資喜好。

認真分析自己目標：我今次買是自住（稍後才考慮放租），我喜愛靜中帶旺。近 JR 線及傾向大街，因為我一個人出入，不想在橫街，感覺較有安全感。

Ann 的日本單位

參考銷售員資料及親身分析：買日本樓單張會有「X 駅徒步 5 分鐘」，我用 Google Map 的衛星圖估計可信性。搜尋有沒有人去過這地方，你會發現旅遊相片有可能知道更多這單位資料。搜尋你想買的單位有沒有民宿出租，如果你想做民宿會「知價」。

買樓時機：我買這單位是透過香港日本樓中介，沒有飛過去睇，因為我要搶時間買這盤。（注意，如果你對買的單位地區很不熟識，儘量實地考察免跌落陷阱。）

單位設備：我在中央區心儀了一個單位，位置非常好，只賣 90 多萬，做清楚功課之後，原來沒有淋浴區及洗衣機來去水。單位一直從事商用，如果買，必須考慮裝修費用。

「買外樓投資是一門藝術，不做足功課，付出代價可大可小！」

【民宿】帶動小業主增收入

Ann 姐

近年短期租屋平台如 Airbnb 等冒起，最初概念是業主將閒置單位或房間出租給旅客短期租住，類近於 Uber 司機以私家車提供服務予大眾，推動「共享經濟」（Share Economy）令個人閒置資源產生價值。如今 Airbnb 已於 190 個國家提供超過 120 萬個房源，估值超過 200 多億美元。

以日本東京為例，旺季住酒店隨時要 3、4 千元港幣一晚，而當地單身公寓租金一個月是同樣港幣 4、5 千蚊。新樓租金方面回報大約 4 至 6 厘。如果利用短期租屋平台，日租方式則可高達 10 厘，即使只出租半個月，回報也高於月租公寓。2016 年 4 月東京之行，筆者和朋友經 airbnb 租住池袋一個民宿單位。大約港幣 430 元，附近酒店最少港幣 1,000 元。

民宿掘起，引起很多爭議，如果你想做民宿生意請注意：

合法放租條例

日本酒店房間經常爆滿，據統計顯示外國遊客人數多達 2 千萬人次，需要至少 55,500 間民宿才能解決需求。而為了 2020 年的東京奧運，日本民泊設施條例就需要修改，早前通過的「住宅宿泊事業法」法案，就是為民宿、Airbnb 開綠燈，經營者只需向地方政府登記（公司則需向「觀光廳」登記），在接受基本審查後，只要符合條件就能合法經營。

安全保險

一般大型酒店集團會為客人購買第三方責任保險，如果在當地民宿屬違法。即使保險公司賣單給你，這張保險單最終亦會可能因為違法經營而失效。

買樓收租和民宿經營大不同

經營民宿涉及房間清潔、日常用品、鎖匙交還和處理較多投訴等行政成本。如果不想自行管理，就要找一間可信任的管理公司代管，一般費用佔營利 20 至 30%，回報沒想像中那麼高。

【大陸樓】倍翻的機會！

Anthony Sir

2015 年 11 月，投資班同學組織了第 1 團「珠海睇樓團」，適逢時機來臨，筆者看見機不可失，立即買了一個單位。接下來的幾個月，我們合共組織了 4 次睇樓團，期間筆者再多買一間，加上其他同事、同學，短短幾個月買了超過 40 間！

這一戰，我們把握了最佳時機！

有些同行的團友，考慮太多，錯過了！

去年 11 月筆者買入的第一個單位，呎價僅 850 元，最近屋苑推出最新一期，呎價高見 2,200 元，兩年升幅逾兩倍！

現在想再買已經太遲了，一來因為樓價已經升了很多，二來因為珠海推出了很多調控措施，想買都買唔到；例如買樓要有社保，類似香港的 MPF，即是說要當地居民或在當地工作才可以買。港珠澳大橋通車在即，機會一去不返了。

為甚麼過去兩年樓價急升？

2015 年大陸股災，經濟表現差，大陸政府推出一系列刺激經濟措施，包括透過減息、降準等放寬銀根，等同於印銀紙，一線城市樓市立即爆上！後來政府見一、二線城市的樓價升幅太驚人，完全脫離了市民的負擔能力，相反三、四線城市的庫存量仍然很大，於是就針對一、二線城市推出嚴厲的調控措施，令資金走向三、四線城市！同時亦帶動了很多三、四線城市高速發展，珠海之後，我們又進擊了好幾個城市，有幸命中，幫大家賺了不少錢，哈哈！

相比很多國家，大陸人的購買力最驚人！
走訪過很多國家、城市，購買力最驚人的，還看內地！

過去幾年香港樓價急升，不少人都說其中一個原因是很多國內的有錢人來港買樓，不惜付辣稅亦要高追。其實這個情況在大陸各大城市亦差不多，很多城市的樓盤，一推出就極速沽清，我們稱之為日光盤，即是即日沽清，最近更有所謂秒光盤。

大陸樓其中一個最爆的地方，是任何時候都有機會！
但前提是你要放下自己，將眼光放遠。

香港買樓，過去幾年升了很多很多，現在樓價高企，若論投資價值，可謂食之無味，棄之可惜。然而中國大陸不同，全中國有數以百計的城市，深圳、上海、北京、廣州等一線大城市，發展非常成熟，樓價已經貼近香港了。賺了錢，想再買？但價錢好貴，食之無味？不要緊，可以再到其他二線城市，二線

城市也貴了？可以到有潛力的三線城市。不同城市的發展步伐不同，有先有後，機會源源不絕。很多有買大陸樓的香港人，只著眼於香港週邊的城市，即是今天的所謂大灣區，太窄了！大灣區於全國只是其中一個城市群而已，外面機會更多呢！

另一個更爆的原因，是基數低！

現時大陸二三線城市的樓價，甚至比泰國等還要平很多！

有些很有潛力的二線城市，呎價只是千多元，有些很有潛力的三、四線城市，呎價甚至只是幾百元。試想想，香港的新樓現時呎價基本都要 1.8 萬，要升一倍？即是升到3.6萬？有可能嗎？相反大陸二線城市，很多呎價不到 1,500 元，升一倍還不到 3,000 元，三線城市很多呎價只是 7、800 元，升一倍才千多元，只要揀對城市，揀對樓盤，升一、兩倍實在易如反掌。

在大陸買樓投資，識人好過識字！

地方太大、城市太多、樓盤太多……單靠自己單打獨鬥很難成事，幸好筆者認識一些老前輩，在大陸樓投資逾 30 年，他們的投資團隊，年青的時候很多都是做物流的，視野遍全國，那個城市有筍盤？那個樓盤價錢抵質素靚？那個老總有優惠？……有強大的人脈網絡，才可以跟大陸買家鬥快，買到爆升筍盤。

是的……很多時候，送到埋咀邊的，都不是筍盤。

筍盤……又使乜拿來香港賣，一開盤就賣晒啦！

很多知名樓盤，主要都是以渡假為主，想賺錢並不容易，有些質素較差的樓盤，雖然價錢平，但質素慘不忍睹，甚至爛尾。所以必須要識睇、識揀。要有心理準備，想賺錢，就不要怕到處走、到處飛，就當自己出 Trip 吧！

珠海之後，前輩又帶我們到很多城市……

其中最經典的，要算是無錫市。

我們在 2016 年初開始組團到無錫，粗略估計都買了近百伙，2017 年中，萊坊發表的 2017 年第一季《全球住宅城市樓價指數》調查指，無錫以 31.7% 升幅，力壓全球，成為樓價升幅之王。大陸有數以百計的城市，咁都貼中？！真係服咗前輩！

其實很多城市都在我們監察之列，除了深圳、東莞、佛山、中山等大灣區的城市群，還有合肥、長沙、瀋陽、重慶……以至很多名不經轉的城市，大陸兵團出擊之後，再跟大家分享。

【馬來西亞】買樓小本投資術

Ann 姐 X Qoo Home X 馬來西亞拿督伍安琪博士

近年很多香港人到馬來西亞買樓投資，在吉隆坡核心地段，買一個600多呎的優質新樓盤，不用200萬，還可以借按揭，非常吸引！ Qoo Home 是海外物業專家，在他們的介紹下，筆者認識到馬來西亞拿督伍安琪博士，分享當地的投資環境。

為甚麼投資馬來西亞？

馬來西亞天然資源豐富，加上政局穩定，在東南亞國家中相對富裕。「我哋亦曾經係英國殖民地，好多地方同香港好似。」伍博士以流利廣東話介紹：「我哋都係多元民族國家，3100萬人口入面，華人超過900萬，家父都係來自台灣，我哋會講好多國語言，馬拉話、英文、國語、廣東話，好多中國人、香港人、中東人嚟投資，完全冇語言障礙！」

貫穿吉隆坡與新加坡的「隆新高鐵」2023年完工，由吉隆坡到新加坡只需要1.5小時，貫穿中國及多個東南亞國家的「泛亞鐵路」2025年完工，到時流動人口將會急升，有利投資。

另一個不得不提的是「第二家園計劃」

馬來西亞政府全力支持外國人移居馬來西亞，門檻極低。

50歲以上只需要15萬馬幣定期存款，不到30萬港元，50歲以下30萬馬幣，不到60多萬港元就可以。伍博士分享馬來西亞非常適合移居：「除咗居住環境好、生活指數低，醫療、教育都好出名，好多國際知名嘅大學都有分校。」

到馬來西亞買樓投資，應該選擇甚麼城市？

伍博士教路，如果買樓退休可以選擇檳城、怡保等，如果投資，必選吉隆坡，其次是馬六甲。吉隆坡不但是馬來西亞首都，亦是東南亞地區中，重要的國際都會，重要性媲美新加坡！加上地少、人多，是投資的首選。

馬來西亞政府在 2010 年宣布推出「大吉隆坡計劃」

目標是用 10 年將吉隆坡打造成全球 20 個宜居城市之一，除了之前提到的兩大鐵路項目，還有很多大型發展，如佔地 70 英畝，吸引全球超過 250 家頂尖企業進駐的「敦拉薩國際貿易金融中心」、耗資 1500 億馬幣的「大馬城」、全球第二高的「吉隆玻 118 大樓」等，投資前景看高一線。

現時吉隆坡的樓價，相對香港大幅落後，根據某國際物業顧問資料顯示，近兩年按年升幅約 15 至 20%，隨著「一路一帶」逐步落實，預計未來幾年仍然處於高速增長期。訪談當日伍博士介紹旗下一個位於吉隆坡核心地段－星光大道附近的樓盤，實用

面積 662 呎，180 萬港元有交易，包全屋精美裝修及傢俬、電器，若交由旗下物業管理公司管理，每年租金回報保證 5%。

投資馬來西亞樓有甚麼要注意？

　　租金：吉隆坡核心地段供應少，需求強勁，租金回報高達 5% 以上，有專業管理公司幫海外業主管理物業。然而由於馬來西亞地方大，其他二、三線城市則未必那麼容易租出！

　　按揭：香港人買樓借按揭不難，尤其是優質的新樓盤，大部份外資銀行都願意借，唯入息需要達到供款的 3 倍。按揭成數最高一般是 60%，180 萬港元的物業，首期只需 72 萬港元。

　　業權：永久

　　爛尾：發展商分段收錢，一般不會有爛尾樓。

　　租霸：法例甚保障業主，極少租霸。

　　匯價：近年跌了 40%，便宜很多！但應以按揭對沖風險。

QooHome
專頁：Facebook.com/qoohome
電郵：info@qoohome.com
電話：2389 3721

【英國】60 萬首期買樓上車去英國

Ann 姐 X UK Housing 英國樓專家 Eric Yip

英國脫歐在即，到底是危是機？ UK Housing 是英國樓專家，今次我們請來負責人 Eric 分享如何在英國上車買樓。

為甚麼投資英國？

很多香港人都喜歡買英國樓投資、收租，先講個人感情，始終香港人對英國總有一份感情，對於英國城市，喜歡英超的朋友即使沒有去過都會琅琅上口。再講投資價值，英國是整個歐洲市場的金融中心，亦有很多學生到英國唸書，投資價值甚高。

買英國樓要買甚麼城市？

很多國家買樓，都要買首都，買最大的城市，然而英國剛剛相反，「倫敦買個一房單位，隨時要 4、500 萬港元，同香港差唔多，相比其他大城市，唔係貴兩、三成，而係貴兩、三倍！曼徹斯特買個類似單位，150 萬左右就得！」除了價錢，對倫敦的前景 Eric 亦不看好：「倫敦樓咁貴，因為佢係歐洲金融中心，全歐洲嘅金融界精英湧到倫敦，令樓價、租金都不斷上升。脫歐之後，金融中心地位不保，相信會有大量金融機構、精英撤出，樓價、租金將有顯著壓力。不過有危亦有機，之前 500 萬的樓可能 300 多萬就買到，很多投資者出來物色機會。」

另外很多二、三線城市，由於樓價只是倫敦三份之一甚至更低，Eric 認為更有潛力，尤其是北部城市：「由於倫敦成本高，政府近年推動北部經濟引擎計劃（Northern Power house），鼓勵企業到北部城市發展，包括曼徹斯特、利物浦、紐卡素等。」

投資英國樓有甚麼要注意？

爛尾：最近市場上出現英國樓爛尾新聞

對於發展商收幾多錢，幾時收錢，規管沒有那麼嚴格，由於很多項目都不是重新興建一個新樓盤，而是將物業翻新，重新包裝後再賣，較難監管。「其中一個爛尾樓盤，明顯係發展商的誠信出問題，其實好多行家一早知，當初開價已經平得好唔尋常，後來我再詳細調查呢間公司，更加確定。」Eric 別有一番心得：「買英國樓搵一個可靠嘅代理好重要，每次有發展商搵我賣樓，我都會做一次深入調查（Due Diligence），了解發展商嘅財務狀況，仲有佢哋過往嘅表現，有把握先會介紹俾客人。」

按揭：英國當地有分行的銀行，例如匯豐、中銀等都可以提供 60% 至 70% 的按揭，還款期最長 25 年。以曼徹斯特一房單位為例，樓價 150 萬，最少 45 萬就可以做業主，確實不俗。

質素：正如前文所說，很多樓盤不是全新興建，而是將舊有建築物翻新、重新規劃。在香港，3、40 年樓已經說舊了，然而英國樓建築質素非常高，很多物業動輒已經有 7、80 年，甚至超過 100 年歷史，你必須要了解清楚，負責的建築師是否有足夠經驗，將一切辦妥，否則將來執手尾，成本很高，亦很麻煩。

租金：由於每年到英國升學的人數很多，因此筆者有朋友專攻大學附近的物業，收租回報很高。JP Housing 英國樓團隊最近亦推出類似項目，名為 HMO，House in Multiple Occupation。意思是買入一些樓齡較舊、價錢較便宜的舊樓，重新翻身，多間幾間房，租予幾個不同的租客，租金回報超過 10 厘！

UK Housing

網站：www.uk-housing.com

電郵：info@uk-housing.com

電話：3152-2368

【澳洲】買樓上車投資分享

澳洲物業投資者 Carmen

澳洲一直以來都是香港人移民及投資的熱門地區，主要集中於首都坎培拉兩邊的兩個大城市，包括悉尼同埋墨爾本。

兩個大城市相比，悉尼比較適合香港人的節奏，因為她比較熱鬧、比較有活力，至於墨爾本與香港的急促步伐截然不同，比較適合一些喜歡寧靜的朋友。另外，澳洲天氣四季分明，乘搭飛機只需要 8 至 9 個小時就到，比其他歐美地區更近！

過去十幾年，很多香港及國內投資者選擇在澳洲買樓投資，其中一個原因是澳元同美元長期存在較大的息差。隨著大量資金湧入，澳洲樓市在短短 5 年之間，竟然有近一倍的升幅！投資者亦開始進軍二線城市如布里斯本、柏斯等。

買澳洲樓要注意甚麼？

政府為了減低外來投資者對民生的影響，推行了一系列措施，控制外來投者在澳洲買賣物業。例如非澳洲居民不可以買二手樓，只可以買一手新樓！所以買樓，一定要買澳洲人會接手的物業。又例如今年 6 月 14 日公佈的新例，外國投資者不能在澳洲四大銀行貸款，買賣物業亦要付額外既印花稅，維多利亞省（VIC）是 3%，新南威爾斯省（NSW）4%。

　　這亦反映外國投資者持續對澳洲物業的熾熱追捧，帶來對本地民生造成影響。跟香港一樣，近年亦有很多澳洲的年青人因為個樓價升幅太急，令他們難以上車。澳洲政府亦非常體貼，有首次置業計劃幫助居民，從來未置業的國民購買限定金額的物業可以有兩萬元澳幣津貼。澳洲福利很好，很多人都想到澳洲定居、退休，然而稅項亦比較繁複，要有心理準備！

【加拿大】買樓上車投資分享

Douglas（上車班同學）

有楓葉國之稱的加拿大，政治及經濟環境以穩定見稱，有利房地產發展。其中，安大略省首府多倫多於過去十年的樓價不停上漲，2016 年雖然全球經濟波動，但當地物業投資仍被看好。

一直生活於多倫多，至 15 年前回流香港，在這 15 年間，從月薪不過一萬，直至擁有 2 個住宅物業及一個車位作投資，這十多年香港經濟及社會經歷了很多變化，由於各種辣招及政策，投資及理財方向亦考慮較多不同選擇。

參考各地區房地產項目，其中多倫多地產局（Toronto Real Estate Board）報告指出近年多倫多樓價每年亦有正面增長，平均每年約有 8-10% 升幅。 事實上多倫多是繼美國紐約之後，北美第二大金融中心，亦是世界十大證券交易所其中之一，

銀行保險證券及從業員多，加上多所著名學府，學生來自世界各地，居住需求量不但大，亦相對穩定，租務市場於當地可算非常蓬勃。

令我決定投資多倫多，除了以上各種條件，入市機會是最大因素，在多倫多置業，當地人需付約樓價一至兩成作首期，而海外買家首期較高，為樓價三成半，但由於低樓價，入場費較低， 餘下六成半可向當地一般銀行承造按揭，年期與當地人看齊為 25 至 30 年，現時年息約 2.45 厘。一間一睡房約 500 呎住宅單位也只是約港幣 180 萬。入場門檻低、市場隱定、永久業權，加上近年加元貶值及低按揭息率都成為我投資多倫多房產的決定。

另外，多謝 cMoneyHome Ann 在買樓方面也給予我實用意見，我才更安心作出決定，上次因為 Ann 要去深圳睇樓，希望下次能邀請她一起再考察多倫多樓及其他加拿大地方。

【泰國】香港人愛曼谷樓！渡假、收租都得！

Ann 姐、Anthony Sir

為甚麼投資泰國？

　　如果說過去 2、30 年，大陸經濟增長最強，未來 2、30 年，應該在東南亞的天下！80 年代，香港工業全面北移，中國大陸成為世界工廠，經濟騰飛，深圳、廣州等大城市甚至已有超越香港之勢。近年大陸經濟放緩，大量工廠搬到東南亞，80 年代的故事又再重演，錯過了上一浪？今次要好好把握了！

　　如果將印度也算上，整個東南亞地區的人口比大陸還要多，加上大陸成本上派，製造業南移是大趨勢。如果你是跨國企業，有多家工廠在東南亞地區，例如越南、柬埔寨等，如果想在東南亞有個總部，會選址那裡？泰國無疑是熱門選擇。

投資泰國，應該買那裡？

今年 6 月，我們全公司到泰國考察。我們看好泰國市場，但不能盲目高追。如果為了渡假、退休，可考慮巴堤雅、清邁等。如果目標是投資，必選曼谷！曼谷塞車情況非常嚴重，買樓必須要在 MRT 及 BTS 沿線，否則不但出租難，就算自己渡假亦不方便。香港人最熟悉的莫過於 Siam BTS 站，另外 Asok BTS 站連接 Sukhumvit MRT 站，非常方便。至於泰國朋友則覺得 Siam、Asok 太繁忙，喜歡 Thong Lo BTS 站，他們形容為類似九龍塘的高尚住宅區，另外新 CBD Ratchada MRT 站亦值得留意。

市中心新盤現時呎價約 3、4 千港元，視乎質素而定，香港買家可以向外資銀行借按揭，一般可以借 50%，新加坡大華銀行可以借高達 70%。在泰國買樓，業權、樓齡等等都要留意。

超過30塲爆滿

【買樓上車 資產倍增】3小時課程

Anthony Sir 與 Ann姐 主理！

你是否一直以人工去追首期？追樓價？追資產？追極都追唔到？

買樓最大的伏是甚麼？是不能有系統地、理性地掌握「資產」、「物業」與「創富」的關係，讓「財富機會」從自己手裡白白溜走，這當然與財務自由無緣，不能怪別人。

這套思維方法並不難學，我們十年兵團戰績，只需花3小時學習，助你打開財富之門！

📍 樓市瘋狂，點揀新樓、二手樓？

📍 買錯凶宅？誤中按揭伏？教你如何防伏買樓心得！

📍 點樣買第一間樓？手持30多萬至100萬有何上車策略？

📍 太多真實個案分享，如何買入筍盤？我們是皇者！

分享原創樓市文章超過1000篇，想買樓的你，歡迎參加，一起交流！

優惠及報名查詢，WhatsApp

<裝修大作戰速成班> / < Ann姐驗樓服務 > 📞 查詢 5547 6300

📞 **6181 5815**

 HONEY HOME 裝樓·裝修

 一巴仙培訓學院 TRAINING INSTITUTE

此優惠有效期至2018年12月31日

《上車又住又賺系列 2》

買樓上車防中伏 終極版

作者
1% Anthony、Ann 姐

編輯
林榮生

美術設計
Venus Lo

插畫
吳廣德

出版者
萬里機構出版有限公司
香港鰂魚涌英皇道1065號東達中心1305室
電話：2564 7511
傳真：2565 5539
網址：http://www.wanlibk.com
　　　http://www.facebook.com/wanlibk

發行者
香港聯合書刊物流有限公司
香港新界大埔汀麗路 36 號
中華商務印刷大廈 3 字樓
電話：2150 2100
傳真：2407 3062
電郵：info@suplogistics.com.hk

承印者
中華商務彩色印刷有限公司
香港新界大埔汀麗路 36 號

出版日期
二零一七年十二月第一次印刷